一日
法式烘餅
與薄餅

一只平底鍋、一張麵皮，
輕鬆搞定早午餐、輕食、甜點、一人獨享或多人同樂，怎麼吃都行！

Au Temps Jadis Creperie ———— 著
オ・タン・ジャディスクレープリー

許郁文 ———— 譯

ガレットとクレープ專門店のレシピ帳
クレピエが教える おいしさを引き出す素材の組み合わせと調理法

前言

　　烘餅與薄餅一直以來都是法國人的國民食物。所謂烘餅，就是在蕎麥粉製成的薄餅裡加入火腿或起司等食材，再經過一次烘烤製成的食物。據說這道誕生於布列塔尼地區的料理，早在西元前七千年就已存在，後續又出現以麵粉代替蕎麥粉製作且口味香甜的薄餅。

　　烘餅是大家熟悉的薄餅的前身，而將烘餅當成主餐，以及將薄餅作為餐後甜點，可說是十分正統的法國風格。由於這兩種食物都包著各式各樣的食材，所以變化上也可以十分多樣化。位於東京澀谷的烘餅與薄餅專賣店 Au Temps Jadis Creperie ，吃得到各種以法國當地食材製成的烘餅與薄餅。只要拜訪這家從1985年創業至今的名店，就能一嘗來自布列塔尼地區的經典滋味。

　　烘餅有著迷人的焦香氣息，搭配上各種食材，更能引出食材本身的美味。Au Temps Jadis Creperie 特地打造的法式鄉村風格餐桌，連餐具也經過細心挑選，讓來店顧客彷彿置身於法國般驚嘆不已。

　　本書完整呈現 Au Temps Jadis Creperie 名店食譜，希望每位讀者都能在家重現名店的滋味。即使剛開始沒辦法做得漂亮，也請您別太擔心，只要多做幾次就一定會熟能生巧的。接下來，就讓我們一起愉快地製作烘餅與薄餅吧！

目次 Contents

本書的單位

○1小匙：5 cc 1大匙：15 cc

　1杯：200 cc

○烤箱的加熱溫度、時間需視機種不同而定，食譜中的時間僅供參考，仍需視情況調整。

○所謂的乳化效果指的是穩定攪拌，讓油脂在不分離的狀態下被目標食材吸收的意思。

○打發的鮮奶油是指使用乳脂38％的鮮奶油，並在100 cc的鮮奶油裡加入8 g的砂糖，然後再打到發泡為止。

烘餅與薄餅的
基本材料 & 道具

想做出好吃的烘餅或薄餅，優良的食材與多樣的工具是必要的。
只要能找齊這些，就能做出香味撲鼻的烘餅與 Q 彈的薄餅囉。

材料

蕎麥粉

烘餅麵糊的口感與香氣取決於選用的蕎麥粉，如果選用的是顆粒較粗且顏色較深濃的蕎麥粉，經過烘烤就能增添不少風味。可在食品材料行購得。

麵粉

烘餅的麵糊採用低筋麵粉製作，薄餅則採用中筋麵粉，兩者都可做出口感Q彈的麵糊。如果手邊沒有中筋麵粉，可將低筋麵粉與高筋麵粉以1:1的比例混合代替。

蘋果酒（CIDRE）

由蘋果發酵製成的氣泡酒。麵糊會因為這種酒的發泡性而變得更加Q彈美味。手邊若沒有這種酒，可以啤酒代替。

雞蛋

烘餅與薄餅的麵糊都會用到雞蛋，建議選擇蛋黃飽滿有彈性的雞蛋。

牛奶・水

牛奶請選擇甜味自然且成分無調整的類型。水則建議使用礦泉水或其他口感甘甜的水，不要直接使用自來水。

鹽

書中選用的是鹹味圓潤，略帶些許甜味的法國國寶鹽之花「Guérandais」。不過常見的天然海鹽也是個好選擇。

細砂糖

薄餅麵糊使用的細砂糖，最好選擇甜點專用，顆粒越細的越好，口感才會綿滑柔順。

奶油

奶油是為薄餅麵糊增添濃醇滋味不可或缺的材料，布列塔尼生產的奶油沒有精鹽的味道，風味也更為豐富。

沙拉油

橄欖油這類新鮮且香氣強烈的油品可能會蓋過麵糊原有香味，所以最好避免選用這類油品。

工具

薄餅烤盤

如果想在家挑戰正統的薄餅製作，建議您買一只淺底的薄餅烤盤，價格可能偏高，但很值得購買。（圖為 CHASSEUR 薄餅烤盤）

平底煎鍋

也可使用常見的平底煎鍋製作烘餅，建議使用直徑26～30公分的平底煎鍋，可以避免浪費食材。鐵氟龍鍋較不容易煎焦，鐵鍋則能煎出酥脆口感。

鏟刀

可將麵糊翻面、對折，或是在麵糊表面抹上奶油，建議挑選長度介於27～32公分的鏟刀。

T 型木桿

在烤盤或平底煎鍋上鋪平麵糊的必備工具。（本書使用的是 Crepier 手工自製的 T 型木桿。）

湯杓

不一定需要準備，不過杓深較淺的款式比較容易撈起麵糊，若能選購可以測量容量的款式會更方便。

篩網

可用來篩粉，讓口感更為綿滑柔順，也能過濾拌好的麵糊。盡可能選擇網目較密的款式。

打蛋器

可用來攪拌麵糊或打發奶油。建議選購握把好握、線數較多的款式。

其他

尺規
量杯
盆子
刮刀
竹籤

Œuf, jambon, fromage

雞蛋、火腿、起司的烘餅三重奏

Basic Galette

法式烘餅。經典口味

✤

經典的法式烘餅可讓我們盡情享受麵糊的香氣，
並充分勾勒出食材的天然美味。
一起品嘗自然調味 & 美味食材的完美組合吧。

鹽罐 & 胡椒罐、 herbes Folles 餐盤、
Faustine 餐盤 （Comptoir de Famille）

烘餅麵糊的基礎作法

麵糊是由麵粉、鹽、水這三項基本材料的調和，拌入雞蛋增加濃稠度，
最後為了讓麵糊更Q彈，再摻入蘋果酒的原創食譜。
將麵糊拌至柔滑後，利用濾網過濾成更綿滑的質地，接著靜置一晚，讓麵糊慢慢熟成。
由於麵糊的狀況會隨著季節與氣候而變化，所以加水量務必視情況調整喔。

材料（方便製作的份量・約20張）

蕎麥粉 …… 330 g

低筋麵粉 …… 65 g

天然海鹽（可使用 Guérandais
的鹽之花） …… 7 g

水 …… 600 ～ 700 cc

牛奶 …… 160 g

蘋果酒 …… 70 cc

雞蛋 …… 4顆

沙拉油 …… 55 cc

※ 手邊若無蘋果酒，可用啤酒代替。

作法

1. 將蕎麥麵、低筋麵粉、鹽拌在一起後，過篩。

2. 將水、牛奶、蘋果酒調勻後，倒入1的食材裡。

3. 利用打蛋器均勻攪拌，直到看不見結塊的食材。

4. 將雞蛋打散後，將沙拉油拌入雞蛋裡，再將拌好的食材均勻拌入3的食材。

5. 等到麵糊拌至質地綿滑的程度，利用刮刀從底部將麵糊往上撈起攪拌。

6. 以濾網過濾5的麵糊。

7. 倒入保存容器，在開口處封上保鮮膜，於冰箱冷藏靜置一晚。

「把所有材料加進去」是 Galette Complete 的意思，
這是一道十分經典的法式烘餅，而那淳樸的滋味就是令人難捨的魅力。

Œuf, jambon, fromage

雞蛋、火腿、起司的烘餅三重奏

材料

烘餅麵糊……1 張量
雞蛋……1 顆
綜合起司（格律耶爾、紅切
達、高達）……40 g
火腿……2 片

鹽、胡椒……各適量
巴西利（切末）……適量
紅胡椒粉……適量
紅椒粉……適量

綜合起司

使用擁有清爽鹽味的格律耶爾
起司與外觀呈橘色、滋味酸醇
的紅切達起司，還有濃郁芳
香、質性溫潤的高達起司。Au
Temps Jadis 名店習慣使用這
三種起司，製作出道地的美味
烘餅。

作法

1. 以湯杓輕輕舀起一勺量（60～70 cc）的麵糊，慢慢地倒在薄餅烤盤（鐵板）上。

2. 利用 T 型木桿快速將麵糊攤平在烤盤上。

3. 在攤平的麵糊中央打一顆蛋。

4. 以鏟刀將蛋白均勻地抹在烘餅表面。

5. 均勻地在整片烘餅表面灑上胡椒，並在蛋黃上灑鹽。

6. 均勻地在烘餅表面鋪上綜合起司。

7. 將切成一半的火腿鋪在蛋黃周圍。

8. 確認烘餅是否已烤得金黃酥香。

9. 利用鏟刀將烘餅的四個邊緣向內折，折成正方形的形狀。若覺得不太好折，可先用鏟刀在烘餅上壓出折線。

10. 利用鏟刀將烘餅移到盤子上，灑點巴西利裝飾，再灑上紅胡椒粉與紅椒粉即可。

Basic Galette 2

herbes Folles 餐盤 （Comptoir de Famille）

鯷魚的鹽味與奧勒岡清新的微苦滋味，
完美帶出新鮮番茄的清爽風味。

Complete Tomate

奧勒岡風味番茄鯷魚烘餅

材料（1 張量）

烘餅麵糊 …… 1 張量
雞蛋 …… 1 顆
格律耶爾起司 …… 30 g
番茄（切片）…… 4 片
鯷魚 …… 1 片
奧勒岡（oregano，乾燥）
…… 適量
鹽、胡椒 …… 各適量

橄欖油 …… 適量
巴西利（切末）…… 適量
紅胡椒粉 …… 適量
紅椒粉 …… 適量

作法

1. 先將烘餅麵糊倒在烤盤上（參考 p11），並在餅皮中央打一個雞蛋，再以鏟刀將蛋白均勻地抹在餅皮上。接著在餅皮上均勻鋪滿格律耶爾起司。

2. 在格律耶爾起司表面灑上奧勒岡，接著鋪上番茄，然後再鋪上撕成碎片的鯷魚。

3. 在整張烘餅表面灑上胡椒後，在蛋黃與番茄的表面灑鹽，接著淋上一圈橄欖油，等烘餅烤成焦酥的顏色，將烘餅的四個邊往內折成正方形。

4. 將 3 烤好的烘餅移到盤子裡，灑一點巴西利裝飾，再灑一些紅胡椒粉與紅椒粉增色添香。

讓四種風味各異的香菇與起司，
被奶油的香甜輕柔地包覆起來。

Complete Champignons

奶油香煎香菇培根烘餅

材料（1 張量）

烘餅麵糊⋯⋯ 1 張量
雞蛋⋯⋯ 1 顆
綜合起司（格律耶爾、紅切
達、高達）⋯⋯ 40 g

【以奶油香煎的香菇與培根】
（方便製作的份量）

鴻喜菇⋯⋯ 1/2 包
舞菇⋯⋯ 1/2 包
杏鮑菇⋯⋯ 1 根
洋菇⋯⋯ 1/2 包
培根（厚片）
⋯⋯ 約 100 公克
大蒜⋯⋯ 1 小瓣
橄欖油⋯⋯ 適量
奶油⋯⋯ 10 g
鹽、胡椒⋯⋯ 各適量

巴西利（切末）⋯⋯ 適量
紅胡椒粉⋯⋯ 適量
紅椒粉⋯⋯ 適量
帕瑪森起司⋯⋯ 適量
鹽、胡椒⋯⋯ 各適量

作法

1. 先從奶油香煎香菇與培根的步驟開始。所有菇類請去除根部。鴻喜菇與舞菇分切成小朵。杏鮑菇直剖成兩半，再切成 2～3 mm 厚度的薄片。洋菇也切成 2～3 mm 厚度的薄片。培根切成 5 mm 厚度的細條。大蒜切成末。

2. 將橄欖油倒入平底鍋後，以小火熱油，再放入大蒜爆香。待香味溢出鍋外，將培根放入鍋中炒熟，接著倒入菇類以中火徹底翻炒，最後放入奶油增添風味，再以鹽、胡椒調味。

3. 倒入烘餅麵糊（參考 p11），並在餅皮中央打一個雞蛋，再以鏟刀將蛋白均勻地抹在餅皮上。接著在整張餅皮灑上胡椒，並在蛋黃上灑鹽，最後依照完成品的大小在餅皮上鋪滿綜合起司。

4. 將 2 的食材鋪到 3 的餅皮上，待烘餅烤至金黃酥香，將餅皮的四邊向內折，折成正方形的形狀。

5. 將 4 的烘餅移到盤子裡，灑上巴西利、紅胡椒粉、紅椒粉，再灑上刨成細絲的帕瑪森起司即可上桌。

Basic
Galette **3**

水晶杯 （le GrandChemin）／
餐刀、 餐叉、 餐巾 （Comptoir de Famille）

Gruyère Jambon Cru

生火腿佐格律耶爾起司烘餅

生火腿搭配上格律耶爾的鹽香，
與口感稍辛辣的蘋果酒醞釀出清爽的滋味。

Gruyère Jambon cru

生火腿佐格律耶爾起司烘餅

材料（1 張量）

烘餅麵糊 —— 1 張量
格律耶爾起司 —— 40 g
雞蛋 —— 1 顆
生火腿 —— 2～3 片
鹽、胡椒 —— 適量
巴西利（切末）—— 適量
紅胡椒粉 —— 適量
紅椒粉 —— 適量

※生火腿建議選購義大利帕瑪火腿片。

作法

1. 先將烘餅麵糊倒在烤盤上（參考 p11），並在餅皮中央打一個雞蛋，再以鏟刀將蛋白均勻地抹在餅皮上。接著在整張餅皮灑上胡椒，並在蛋黃表面灑鹽，最後依照完成品的大小在餅皮上鋪滿格律耶爾起司。

2. 當餅皮烤至金黃酥香，將四個邊往內折，將餅皮折成正方形的形狀。

3. 將 2 的烘餅移到盤子裡，鋪上生火腿再依序灑上巴西利末、紅胡椒粉與紅椒粉。

烘餅與蘋果酒的邂逅

擁有溫潤酸味的
蘋果酒與烘餅，
是最經典的組合。

在 Au Temps Jadis
喝得到的蘋果酒

Vergers de la Caffinière
Demi-Sec

圖中是從法國南特市的蘋果園「la Caffinière」採收有機蘋果後，整顆連皮榨汁，以滴水不加的百分百濃度果汁所製成的「Vergers de la Caffinière」蘋果酒。其中的半乾燥種類（Semi Dry）是由蘋果酒專用與甜點專用的蘋果混製而成，因此除了能嘗得到新鮮蘋果那微微的澀味，還能喝到蘋果的清爽香甜。

　　烘餅屬於布列塔尼地區的家庭料理之一，指的是以蕎麥粉製成的薄餅來製作的所有料理。在日本一提到薄餅，會讓人立刻聯想到甜點，但在布列塔尼地區，烘餅可以搭配火腿、起司、雞蛋與當令蔬菜端上桌，視為一道飽足的料理享用。看似簡單的烘餅，其實是一道滋味豐富的鄉土料理。

　　蘋果酒則是將蘋果汁存放入桶內，任其自然發酵的微發泡酒。在無法栽植出優質葡萄的布列塔尼地區與諾曼第地區，由古至今已有兩千年以上栽植蘋果的歷史，因此蘋果酒就如葡萄酒般廣受眾人喜愛。蘋果酒的酒精濃度不高，喝起來頗順口，並有甜味、中辣、辣味可供

選擇。適度的發泡能引起食欲，而清爽的酸味讓吃完油膩食物的口腔變得清爽。蘋果酒也因含有大量的維他命、礦物質與多酚，而被視為一種有益健康的飲品。

　　不論是蕎麥還是蘋果，都只適合在寒冷的地區種植，而在日本，這兩種農產品以長野縣一帶信州的特產品聞名，而且長野縣一帶與布列塔尼地區一樣，自古以來都是這兩項農產品的傳統產地。一般而言，以當地農產品製作的料理與酒都相當對味，烘餅與蘋果自然也成為最經典的組合。布列塔尼地區的人們在享用烘餅時，通常會配上一杯裝盛在陶碗裡的蘋果酒，你也不妨試試看。

烘餅與薄餅的折法教室

餅皮有好幾種折法。即使食譜和烹飪方式相同，只要折法不同，
不僅外觀會截然不同，口感上也會出現不同風味。
利用喜歡的折法，讓烘餅與薄餅變得色香味俱全吧。

※ 依 A→B→C→D 的順序折。

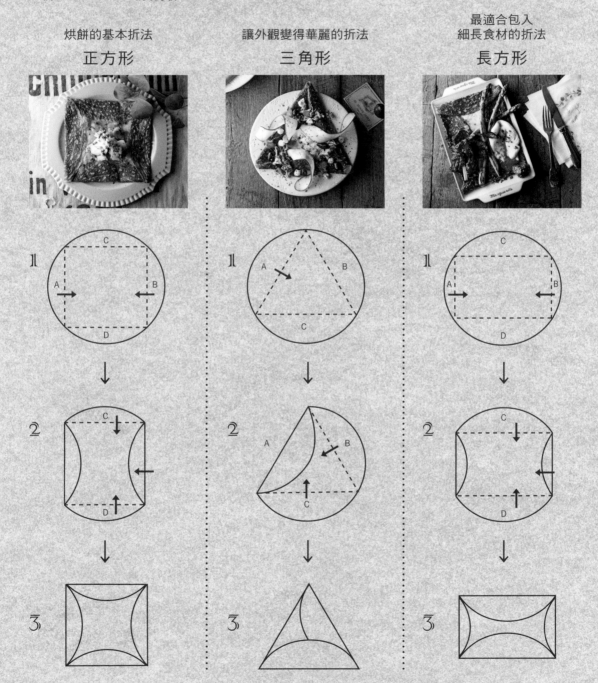

烘餅的基本折法
正方形

讓外觀變得華麗的折法
三角形

最適合包入
細長食材的折法
長方形

利用烤箱 烤出酥脆的餅皮	讓餅皮邊緣擁有 柔軟酥脆的口感	可輕鬆將食材的甜味 封在餅皮裡
## 倒三角型	## 波浪型	## 薄餅折法

1
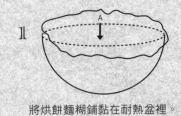

1

1
將烘餅麵糊鋪黏在耐熱盆裡。

↓ ↓ ↓

2
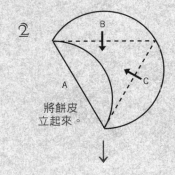
將餅皮
立起來。

2
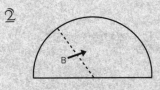
放入110℃的烤箱
烤 30～40 分鐘。

2

↓ ↓ ↓

3

3

烤好後，將波浪型的容器
從盆子拔下來。

3
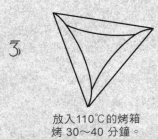

放入110℃的烤箱
烤 30～40 分鐘。

將餅皮
立起來。

水晶杯 （le GrandChemin）

蔬食風法式烘餅
天然健康無負擔

❧❀❧

將葉菜類與根莖類蔬菜的
鮮美濃縮留在烘餅裡。
大量使用當令食材的烘餅，
是令人期待的季節美味。

Vegetable
Galette **5**

濃郁的半乾燥番茄與酸奶油、巴薩米可醋的酸味，
都讓酪梨的甜美徹底釋放。芝麻菜的辣味讓整體風味更統一。

L'heure d'été

酪梨、乾燥番茄與芝麻葉烘餅

材料（1 張量）

烘餅麵糊 ⋯⋯ 1 張量
綜合起司（格律耶爾、紅切
達、高達）⋯⋯ 50 g
酪梨 ⋯⋯ 1/2 顆
芝麻葉 ⋯⋯ 1 瓣
半乾燥番茄（市售品）
⋯⋯ 4顆
橄欖油 ⋯⋯ 1/2 大匙
大蒜 ⋯⋯ 1/2 瓣
黑橄欖 ⋯⋯ 3 顆
酸奶油 ⋯⋯ 30 g
鹽、胡椒 ⋯⋯ 各適量
巴西里 ⋯⋯ 適量
紅胡椒粉 ⋯⋯ 適量

【基本的巴薩米可醬汁】
（方便製作的份量）
巴薩米可醋 ⋯⋯ 100 cc
紅蔥頭（切末）⋯⋯ 1 顆量
橄欖油 ⋯⋯ 80 cc
鹽、胡椒 ⋯⋯ 各適量

作法

1. 首先製作基本的巴薩米可醬汁。將巴薩米可醋、紅蔥頭倒入盆子裡，慢慢將橄欖油倒入盆中，同時攪拌均勻，再以鹽、胡椒調味。

2. 大蒜切成薄片後，與半乾燥番茄放入倒有橄欖油的平底鍋裡，以小火快速翻炒。將大蒜與番茄取出鍋外，再與 1 適量的巴薩米可醬汁拌在一起。

3. 將黑橄欖切碎，然後與酸奶油拌在一起，再以鹽、胡椒調味。

4. 酪梨去籽後，以湯匙將果肉挖成一口的大小。

5. 將烘餅麵糊倒在烤盤上（參考 p11），再依照完成品的大小在餅皮上鋪滿綜合起司。待餅皮烤至金黃酥香，將餅皮的三個邊往內折，折成三角形的形狀。

6. 將 5 的餅皮移到盤子裡，鋪上 2 與 4 的食材，再淋上 1 的巴薩米可醋。最後鋪上 3 的食材與芝麻葉，與灑點巴西里與紅胡椒粉即可。

GB 裝飾架 SWh、GC Quilt Free Cross Square GY（le
GrandChemin）／餐刀、餐叉（Comptoir de Famille）

從五花肉滲出的油脂是最完美的調味料，
仔細熬煮後即是一道濃郁美味的醬汁。

Galette Epinards

菠菜佐奶油白醬烘餅

材料（1 張量）

烘餅麵糊⋯⋯1 張量
雞蛋⋯⋯1 顆
綜合起司（格律耶爾、
紅切達、高達）⋯⋯40 g
巴西里（切末）⋯⋯適量
紅胡椒粉⋯⋯適量
紅椒粉⋯⋯適量
松子（烤過的）⋯⋯適量

【香煎菠菜】
（方便製作的份量）

菠菜⋯⋯1/2 把
橄欖油⋯⋯適量
大蒜（切末⋯⋯1 小瓣量
奶油⋯⋯10 g
鹽、胡椒⋯⋯各適量

【五花肉的奶油白醬】
（方便製作的份量）

五花肉片（生培根）
⋯⋯2～3 片
鮮奶油（乳脂成分 47%）
⋯⋯100 cc
鹽、胡椒⋯⋯各適量

作法

1. 先製作香煎菠菜的步驟。將菠菜的根部切掉一點，把橄欖油倒入平底鍋，以小火加熱，再放入大蒜爆香，等到香氣逸出鍋外，倒入菠菜翻炒（炒到塌就好，別炒過頭）。最後放入奶油增加風味，再以鹽、胡椒調味。

2. 接著製作五花肉的奶油白醬。將五花肉切成 2 cm 寬，放入鍋裡以小火徹底炒熟，接著倒入鮮奶油，煮到帶有黏稠感的 a 這樣，再以鹽、胡椒調味。

3. 先將烘餅麵糊倒至烤盤（參考 p11），接著在餅皮中央打一顆蛋，以鏟刀將蛋白均勻抹在餅皮上，再依照完成品大小在餅皮表面鋪上綜合起司。在所有食材上灑胡椒粉之後，在蛋黃表面灑鹽。

4. 將 1 的食材鋪在 3 的餅皮後，等到餅皮烤得又香又酥，將四個邊往內折，折成正方形的形狀。

5. 將 4 的餅皮移到盤子上，再將 2 的熱的奶油白醬淋上去，再灑一點巴西里裝飾。最後灑上紅胡椒粉、紅椒粉與松子即可。

奶油白醬要當成醬汁使用，熬煮的時候別讓
醬汁沸騰，煮到濃稠即可起鍋。

讓蔬菜的鮮美相互烘托的普羅旺斯家庭料理。

以熱水燙過番茄，細心地把皮剝掉，讓番茄的口感變得更加滑順。

Provençale

夏季蔬菜之燉煮番茄
南法蔬菜雜燴的烘餅

材料（1 張量）

烘餅麵糊 …… 1 張量

水煮蛋 …… 1 顆

綜合起司（格律耶爾、紅切達、高達）…… 40 g

橄欖油 …… 適量

鹽、胡椒 …… 各適量

巴西里（切末）…… 適量

紅胡椒粉 …… 適量

【南法蔬菜雜燴】
（方便製作的份量）

番茄 …… 800 g（原味）

洋蔥 …… 1 顆

彩椒（紅、黃）…… 各 1/2 顆

青椒 …… 2 顆

茄子 …… 2 根

櫛瓜 …… 1 根

大蒜（薄片）…… 小 2 瓣量

新鮮百里香 …… 3 枝

橄欖油 …… 適量

鹽、胡椒 …… 各適量

作法

1. 先製作南法蔬菜雜燴。番茄以熱水汆燙剝皮，再壓成果泥。洋蔥分切成梳子狀。彩椒與青椒切掉蒂頭並刮掉種籽，以滾刀切片。茄子與櫛瓜切成 5mm 厚的圓片。

2. 將橄欖油倒入鍋中以小火加熱後，倒入大蒜爆香，待香氣逸出鍋外，倒入 1 的番茄泥，一邊將果肉壓扁，一邊煮到酸味全部揮發為止再關火 a 。

3. 另取一只鍋子，將橄欖油倒入鍋中以中火熱油，再倒入 1 其餘的蔬菜，炒到整體變色為止。

4. 將 3 的食材與百里香倒入 2 的鍋中燉煮 15～20 分鐘。途中若覺得水分不足，可以另外倒入番茄汁（另備）調整 b ，最後以鹽、胡椒調味。

5. 將烘餅麵糊倒至烤盤（參考 p11），接著依照完成品大小在餅皮表面鋪上綜合起司。待餅皮烤成金黃酥脆後，將四個邊往內折，折成正方形的形狀。

6. 將 5 的餅皮移至盤子後，立刻淋一圈橄欖油。將 4 以及對半剖開的水煮蛋放到餅皮上，再灑上大量的巴西里末，最後灑上紅胡椒粉即可。

以木製鍋鏟一邊壓扁果肉，一邊加熱，直到番茄的甜味被釋放為止。

番茄本身的水分會讓最後的味道改變，所以不小心煮得太乾時，可倒入 100% 純番茄汁調整水量。

Bonappetit 餐布 灰棕色、 白色、
GCWOOD 餐具盒 （le GrandChemin）
餐刀、 餐叉 （Comptoir de Famille）

Vegetable Galette 7

Galette Asperges

蘆筍豬五花烘餅佐水波蛋

Vegetable
Galette **8**

水晶杯 （le GrandChemin）
Marguerite 烤盤 （Many）

Vegetable Galette **9**

Galette Endives grillées Sauce caramel orange

整顆苦苣製作的烘餅佐焦糖橘子醬汁

細火慢烤可充分引出蘆筍的清新與甘甜，
豬五花的鹽香讓料理的風味更加突顯。

Galette Asperges

蘆筍豬五花烘餅佐水波蛋

材料（1 張量）

烘餅麵糊⋯⋯1 張量　　巴西里（切末）⋯⋯ 適量
格律耶爾起司 ⋯⋯ 40 g　　紅胡椒粉⋯⋯ 適量
綠蘆筍⋯⋯3 根　　第戎顆粒黃芥末醬⋯⋯ 適量
豬五花（生培根）⋯⋯3 片
雞蛋⋯⋯1 顆
橄欖油⋯⋯ 適量
鹽、胡椒⋯⋯ 各適量

作法

1. 先製作水波蛋。煮一大鍋熱水，倒入 1
   大匙醋（另備）。接著用長筷子一邊攪
   拌煮沸的熱水，一邊將打在容器裡的雞
   蛋慢慢倒入，之後改以小火余煮 2 分 30
   秒。最後以漏杓將水波蛋撈出來，放入
   冰水降溫，再以餐巾紙擦乾水分。

2. 綠蘆筍必須先以削皮器將下半段堅硬的
   外皮刨除。以中火加熱平底鍋裡的橄欖
   油後，放入綠蘆筍並以鹽、胡椒調味，
   最後取出鍋外備用。

3. 以中火加熱 2 的平底鍋後，放入豬五花
   煎至兩面變得酥焦為止。

4. 將烘餅麵糊倒至烤盤（參考 p11），接
   著依照完成品大小在餅皮表面鋪上格律
   耶爾起司，然後在整張餅皮灑上胡椒。
   待餅皮烤成金黃酥脆後，將四個邊往內
   折，折成長方形的形狀。

5. 將 4 的餅皮移到盤子裡，鋪上 1 與 2 的
   食材，再附上 3 的豬五花，灑點巴西里
   與紅胡椒粉，一旁點些黃芥末醬即可。

經過烘烤保留美味，又不失本身些微苦味的苦苣，
與橘子的酸味交融成甜味恰到好處的醬汁。

Galette Endives grillées Sauce caramel orange

整顆苦苣一同製作的烘餅佐焦糖橘子醬汁

材料（1 張量）

烘餅麵糊…… 1 張量
格律耶爾起司…… 40 g
苦苣…… 1 顆
奶油…… 15 g
鹽、胡椒…… 各適量
巴西里（切末）…… 適量

【焦糖橘子醬汁】
（方便製作的份量）

橘子皮…… 1/2 顆量
橘子汁…… 1 顆量
細砂糖…… 50 g
干邑橙酒…… 適量

作法

1. 先製作焦糖橘子醬汁。將橘子皮橘色的部分剝下來，切成細絲。將橘子榨成汁。

2. 將細砂糖倒入鍋中以中火加熱，等到砂糖開始融化，轉變成淡淡的咖啡色之後，以木質鍋鏟攪拌，等到糖漿開始冒泡，轉變成深咖啡色且帶有一定黏稠度，轉成小火，倒入 1 的果汁，煮到醬汁開始濃稠後關火。最後拌入 1 的橘子皮與干邑橙酒。

3. 將苦苣剖成兩半，在剖面灑鹽、胡椒，再鋪上奶油 **a**，放入預熱至 160℃ 的烤箱裡烤 20～25 分鐘 **b**。

4. 將烘餅麵糊倒至烤盤（參考 p11），接著依照完成品大小在餅皮表面鋪上格律耶爾起司，並在整張餅皮灑上胡椒。待餅皮烤成金黃酥脆後，將三個邊往內折，折成三角形的形狀。

5. 將 4 的烘餅移至盤中，鋪上 3 的食材，並在整張烘餅淋上 2 的醬汁，最後灑點巴西里裝飾即可。

灑上鹽、胡椒以及
鋪上奶油後，剩下
的就交給烤箱吧。

Vegetable
Galette
10

鹽罐 & 胡椒罐（Comptoir
de Famille）

34

以蕎麥粉的香氣襯托味道較單一的葉菜類蔬菜，
完成一盤能滿足口腹之欲的正餐沙拉。

Salade jardinière

蕎麥薄餅香脆沙拉

材料（1 個量）

烘餅容器
（蕎麥薄餅的容器，參考 p21）
⋯⋯1 個量
挑選自己喜歡的蔬菜（例如：結球萵
苣、捲菜萵苣、紅生菜、嫩葉生菜、
菊苣）⋯⋯適量

【基本淋醬】
（方便製作的份量）

花生油 ⋯⋯ 250 cc
核桃油 ⋯⋯ 20 cc
白酒醋 ⋯⋯ 10 cc
西打醋 ⋯⋯ 10 cc
第戎黃芥末醬 ⋯⋯ 20 g
第戎顆粒黃芥末醬 ⋯⋯ 25 g
鹽 ⋯⋯ 3 g
胡椒 ⋯⋯ 2 g

作法

1. 先從基本的淋醬做起。第一步先將花生油與核桃
   油調勻。

2. 將花生油與核桃油以外的食材全倒入盆子裡攪
   拌均勻，接著一邊慢慢地倒入 1 調和的油品，
   一邊慢慢地攪拌盆子裡的食材，讓油品產生乳
   化效果，而不至於油水分離。

3. 將葉菜類蔬菜洗乾淨後，擦乾水分，再以雙手撕
   成方便入口的大小。

4. 將 3 的蔬菜放入蕎麥餅皮製作的容器裡。吃的時
   候，可將容器剝下來一塊，搭配蔬菜一起食用。

烘餅逸事

烘餅誕生在法國西北部的布列塔尼地區，該地氣候寒冷多雨，導致小麥不易栽植。相對的，當地雖然土地貧瘠，卻很多人種植蕎麥，也以蕎麥粉製作料理。西元前七千年，某位女性不小心將蕎麥粉製作的稀飯打翻在熱騰騰的石頭上，當稀飯變硬後一吃，沒想到竟成為未曾嘗過的美味，據說這就是烘餅的起源。只將鹽、水與蕎麥粉拌勻後再烤的烘餅，在十七世紀，自路易十三世的妻子安妮王妃之手而廣為流傳，之後又在味道與形狀上做了許多變化，直到現在，烘餅一直都是法國的代表料理之一。

Vegetable
Galette 11

煙燻起司與芹菜的香氣，
勾勒出四種豆子的芳香甘甜。

Galette Maricots

四種豆子的烘餅

材料（1 張量）

烘餅麵糊⋯⋯1 張量

雞蛋⋯⋯1 顆

綜合起司（格律耶爾、紅切
達、高達）⋯⋯40 g

紅腰豆（乾燥）⋯⋯25 g

水煮白雲豆（乾燥）
⋯⋯25 g

扁豆（乾燥）⋯⋯25 g

鷹嘴豆（乾燥）⋯⋯25 g

芹菜⋯⋯1/2 根

番茄⋯⋯1/8 顆

莫札瑞拉起司（可用煙燻起
司代替）⋯⋯適量

基本淋醬（製作方法請參考
p 35）⋯⋯適量

橄欖油⋯⋯適量

鹽、胡椒⋯⋯各適量

巴西里（切末）⋯⋯適量

紅胡椒粉⋯⋯適量

事前準備

· 紅腰豆、白雲豆、扁豆、鷹嘴豆先泡在大量的水
  裡泡一晚，直到泡軟為止。

若使用的是罐頭豆子，建議用篩網將
豆子從水裡撈出來之後，瀝乾水分，
再以橄欖油稍微炒一下，將罐頭特別
的鐵鏽味炒掉，才能做出好吃的烘餅。

作法

1. 將泡軟的紅腰豆、白雲豆、扁豆、鷹嘴
   豆分別放入摻了一小撮鹽（另備）的熱
   水裡，汆煮至需要的軟度為止。利用篩
   網將豆子從熱水撈出來之後，以流水沖
   掉豆子表面的雜質。

2. 芹菜先剝掉表面較粗的纖維，再另外切
   成薄片，番茄則先去掉蒂頭，再切成 5
   mm大小的丁狀。煙燻起司先切成 1cm
   丁狀。將這些材料與 1 的豆子們一同放
   入盆子，以基本的淋醬調勻。

3. 先將烘餅麵糊倒至烤盤（參考 p11），
   並在中央處打一顆雞蛋，然後以鏟刀將
   蛋白均勻抹在整張餅皮。在整張餅皮灑
   上胡椒，並在蛋黃表面灑鹽。依照完成
   品大小在餅皮表面鋪上綜合起司。

4. 待 3 的餅皮烤至金黃酥香，將四個邊往
   內折，折成四角形的形狀。

5. 將 4 的烘餅移到盤子裡，鋪上 2 的食
   材，再灑上巴西里與紅胡椒粉即可。

單憑這一盤就能攝取到一餐所需的蛋白質、維他命與礦物質，
是一道飽足又營養均衡的料理，非常適合作為假日輕食享用。

Galette niçoise

鮪魚馬鈴薯四季豆的尼斯風沙拉烘餅

材料（1 個量）

烘餅容器（蕎麥薄餅容器，
參考 p21）⋯⋯ 1 個量

馬鈴薯（氽煮過，切成薄
片）⋯⋯ 2 片

四季豆⋯⋯ 3 根

水煮蛋⋯⋯ 1 顆

挑選自己喜歡的蔬菜（例
如：結球萵苣、捲菜萵苣、
紅生菜、嫩葉生菜、菊苣）
⋯⋯ 適量

番茄（薄片）⋯⋯ 2 片

鯷魚（切碎）⋯⋯ 2 片

鮪魚罐頭（散肉）⋯⋯ 1/4 罐

基本的巴薩米可醬汁（製作
方法參考 p25）⋯⋯ 適量

細香芹⋯⋯ 適量

作法

1. 將四季豆氽燙至顏色鮮綠，靜置降溫。
   把水煮蛋剖成兩半。

2. 將葉菜類的蔬菜洗淨後，將水分徹底擦
   乾，用雙手撕成容易入口的大小。

3. 將 2 的蔬菜放入蕎麥薄餅容器裡，將 1
   的食材與馬鈴薯、番茄疊在蔬菜上，再
   淋上基本的巴薩米可醋。鋪上鯷魚與鮪
   魚後，放點細香芹當裝飾。吃的時候，
   可將蕎麥烘餅容器剥下一片，拌著容器
   裡的食材一併享用。

Vegetable
Galette **12**

Marguerite 盤 （Many）

Vegetable
Galette **13**

新鮮山筒蒿的淡淡苦味與蒸粗麥粉的強烈風味，
更加襯托出干貝的鮮甜風味。

Galette Couscous

蒸粗麥粉佐奶油香煎干貝烘餅

材料（1 張量）

烘餅麵糊 —— 1 張量
綜合起司（格律耶爾、紅
切達、高達） —— 40 g

【蒸粗麥粉沙拉】
（方便製作的份量）

　蒸粗麥粉 —— 30 g
　熱水 —— 30 cc
　彩椒（紅、黃）
　　—— 各1/8顆
　青椒 —— 1/2 顆
　小黃瓜 —— 1/3 根
　番茄 —— 1/8 顆
　紅蔥頭（切末） —— 少許
　橄欖油 —— 2 大匙
　檸檬汁 —— 2 大匙
　鹽、胡椒 —— 各少許

干貝（帶有裙邊） —— 3 顆
山茼蒿 —— 1/8 把
紅生菜 —— 1～2 瓣
奶油 —— 適量
基本的巴薩米可醬汁（製
作方法參考 p25） —— 適量
巴西里（切末） —— 適量

作法

1. 先製作蒸粗麥粉沙拉。將蒸粗麥粉倒入小型的耐熱容器，再倒入熱水攪拌均勻，蓋上保鮮膜後，靜置 10～15 分鐘直到泡發為止 a 。泡發之後，可將蒸粗麥粉撥散。

2. 將紅蔥頭以外的蔬菜全部切成 5 mm 的丁狀，再連同紅蔥頭一同倒入 1 的盆子裡攪拌均勻 b 。再倒入橄欖油、檸檬汁、鹽、胡椒調味。

3. 以中火加熱平底鍋裡的奶油，倒入干貝煎熟兩面為止。

4. 摘下山茼蒿的葉子摘下，將紅生菜切成細絲，再與基本的巴薩米可醬汁拌勻。

5. 先將烘餅麵糊倒至烤盤（參考 p11），再依照完成品大小在餅皮表面鋪上綜合起司。待餅皮烤至金黃酥香，將三個邊往內折，折成三角形的形狀。

6. 將 5 的烘餅移到盤子裡，鋪上 2 的食材，再在上層鋪上 3 的干貝。最後在一旁附上 4 的蔬菜，淋一圈巴薩米可醬汁，再灑點巴西里即可。

a

b

蓋上保鮮膜後，蒸粗麥粉就會因悶蒸的效果而泡發膨脹。如果使用的是大型容器，熱水很快就會降溫，效果也會不佳。

均勻地攪拌，讓調味料與所有食材拌勻。

Bonappetit 餐布 灰棕色 （le GrandChemin）

沒有多餘調味的簡單就是醍醐味，
這是一道究極奢華食材所組成的天然美味。

Galette italienne

水果番茄莫札瑞拉起司佐羅勒烘餅

材料（1 張量）

烘餅麵糊 —— 1 張量

格律耶爾起司 —— 30 g

水果番茄 —— 1～2 顆

莫札瑞拉起司 —— 1/2 塊

※莫札瑞拉起司選用以水牛的乳水製成的水牛
莫札瑞拉起司較佳。

檸檬汁 —— 1 大匙

橄欖油 —— 1 大匙

鹽、胡椒 —— 各適量

羅勒 —— 適量

巴西里（切末） —— 適量

紅椒粉 —— 適量

作法

1. 將水果番茄的蒂頭摘掉，切成一口大小。莫札瑞拉起司也切成一口大小。將兩者放入盆子裡，再以檸檬汁、橄欖油、鹽、胡椒調味。

※檸檬汁可利用基本的巴薩米可醬汁（製作方法參考 p25）代替。

2. 將烘餅麵糊倒至烤盤（參考 p11），接著依照完成品大小在餅皮表面鋪上格律耶爾起司，並在整張餅皮灑上胡椒。待餅皮烤成金黃酥脆後，將三個邊往內折，折成三角形的形狀。

3. 將 2 的烘餅移到盤子裡，鋪上 1 的食材，灑點巴西里與紅椒粉即可。

44

徹底加熱後的甜菜根將更為甜美，
與味道相對辛辣的古岡左拉起司非常對味。

Galette Betteraves, gorgonzola

甜菜根古岡左拉起司烘餅

材料（1 張量）

烘餅麵糊 …… 1 張量
綜合起司（格律耶爾、紅切達、
高達）…… 30 g
甜菜根 …… 1/2 顆
古岡左拉起司（辣味）…… 20 g
榛果 …… 適量
基本淋醬（製作方法請參考 p35）
…… 適量
胡椒 …… 適量
巴西里（切末）…… 適量

作法

1. 將甜菜根放入大量熱水汆煮 1 小
   時～1 小時 30 分，直到煮軟為
   止，並趁著還燙的時候剝去外
   皮。待餘熱徹底消散，放至冰箱
   冷藏至完全降溫，之後切成 1cm
   的丁狀，再與基本淋醬拌勻。

   ※用剩的甜菜根可利用餐巾紙包起來，外
   層包上一層保鮮膜，放入冰箱冷藏，可保
   存一週。

2. 將榛果放入烤箱或烤麵包機裡稍
   微烤一下，然後敲成粗塊。

3. 先將烘餅麵糊倒至烤盤（參考
   p11），接著依照完成品大小在
   餅皮表面鋪上綜合起司，並在整
   張餅皮灑上胡椒。待餅皮烤成金
   黃酥脆後，將三個邊往內折，折
   成三角形的形狀。

4. 將 3 的烘餅移至盤子，鋪上 1 的
   甜菜根，再鋪上撕碎的古岡左拉
   起司，灑點 2 的榛果與巴西里。

Vegetable
Galette **16**

鹹味強烈的藍起司與酸甜水果、
焦香的核果非常合拍。

Galette Roquefort Noix

羅克福起司佐蘋果核桃烘餅

材料（1張量）

烘餅麵糊（1張量）
綜合起司（格律耶爾、紅
切達、高達）…… 30 g
羅克福起司…… 適量
蘋果…… 1/4 顆
核桃…… 適量
李子乾…… 5 顆

苦苣…… 適量
水煮蛋（半熟）…… 1 顆
檸檬汁…… 1 大匙
基本淋醬（製作方法請參
考 p35）…… 適量

作法

1. 將核桃放入烤箱或烤麵包機稍微烤一下。

2. 蘋果不需去皮，只需將果核切除，並以滾
   刀切成小塊後，拌入檸檬汁。

3. 先將烘餅麵糊倒至烤盤（參考 p11），接
   著依照完成品大小在餅皮表面鋪上綜合起
   司。待餅皮烤成金黃酥脆後，將四個邊往
   內折，折成正方形的形狀。

4. 將 3 的烘餅移到盤中，鋪上苦苣再淋上基
   本淋醬。

5. 將 2 的蘋果與李子乾、剖成兩半的水煮蛋
   鋪在餅皮上，再均勻灑上撕碎的羅克福起
   司與 1 的核桃即可。

point

羅克福起司

被譽為『世界三大藍紋起司』之一的羅
克福起司，是在法國羅克福村的洞窟製
作的。其原料為羊奶，最大的特徵為藍
黴的惡臭與鮮明的鹹味。可以搭配紅酒，
製作生菜沙拉也相當適合。

Vegetable
Galette **17**

AU TEMPS JADIS

Galette grecque

櫛瓜與菲達起司、卡拉瑪塔橄欖烘餅

Galette Chavignol

山羊奶起司、杏桃乾 & 豆瓣菜沙拉烘餅

Vegetable
Galette **18**

花朵明信片 （le GrandChemin）
餐刀、餐叉 （Comptoir de Famille）

全世界最古老的起司，與被譽為最美味的希臘卡拉瑪塔橄欖，
共譜一道濃濃地中海風味的佳餚。

Galette grecque

櫛瓜與菲達起司、卡拉瑪塔橄欖烘餅

材料（1 張量）

烘餅麵糊……1 張量
綜合起司（格律耶爾、紅切
達、高達）……30 g
櫛瓜……1/2 根
菲達起司……適量
雞蛋……1 顆
紅蔥頭……1/2 顆
鮪魚罐頭……1/4 罐

卡拉瑪塔橄欖……5 顆
基本淋醬（製作方法請參考
p35）……適量
橄欖油……適量
鹽、胡椒……各適量
巴西里（切末）……適量
紅胡椒粉……適量
荷蘭薄荷……適量

作法

1. 菲達起司先放在水或牛奶（另備）裡浸
   泡一晚，以去除強烈的鹹味。

2. 接著製作水波蛋。煮一大鍋熱水，倒入
   一大匙醋（另備），一邊以長筷子攪拌
   沸騰的熱水，一邊輕巧地將打在碗裡的
   雞蛋倒入熱水，轉以小火水煮 2 分 30
   秒。以漏杓將煮好的水波蛋撈至冷水降
   溫，再以餐巾紙擦乾表面水氣。

3. 以刨絲器將櫛瓜刨成長條狀的薄片，並
   在表面抹上薄薄的鹽與橄欖油。

4. 紅蔥頭切末。瀝掉鮪魚罐頭的湯汁。將
   兩者拌在一起，再調入基本淋醬。

5. 先將烘餅麵糊倒至烤盤（參考 p11），
   再依照完成品大小在餅皮表面鋪上綜合
   起司。待餅皮烤至金黃酥香，將三個邊
   往內折，折成三角形的形狀。

6. 將 5 的烘餅移到盤子，將 2 的水波蛋鋪
   在烘餅中心，接著均勻灑上 4 的食材、
   橄欖，以及撕成碎片的菲達起司，再鋪
   上櫛瓜。最後灑點巴西里與紅胡椒粉，
   再灑點荷蘭薄荷當裝飾。

point

菲達起司

以羊奶或山羊奶製作的起司，也是希
臘最具代表性的起司之一。白色黏稠
的口感與泡在食鹽水裡熟成的強烈鹹
味，是其最大的特徵。很適合用來製
作沙拉。

在氣味與滋味獨特的山羊起司裡加入豆瓣菜的辛香與杏桃的甜美，
交織出高雅的風味。

Galette Chavignol

山羊奶起司、杏桃乾 & 豆瓣菜沙拉烘餅

材料（1 張量）

烘餅麵糊 …… 1 張量
綜合起司（格律耶爾、紅
切達、高達）…… 30 g
雞蛋 …… 1 顆
山羊奶起司（薄片）
…… 4 片
綠橄欖 …… 5～6 顆
鹽、胡椒 …… 各適量
巴西里（切末）…… 適量

【杏桃乾 & 豆瓣菜沙拉】
（方便製作的份量）

杏桃乾 …… 3 顆
豆瓣菜 …… 1/2 把
檸檬汁 …… 1 大匙
橄欖油 …… 1 大匙
鹽、胡椒 …… 各適量

【蜂蜜檸檬】
（方便製作的份量）

檸檬 …… 1 顆
蜂蜜 …… 100 g

作法

1. 製作蜂蜜檸檬。將檸檬切成薄片，再均勻塗抹一層蜂蜜。在外層包上一層保鮮膜後，放到冰箱冷藏一晚。

2. 接著製作杏桃乾 & 豆瓣菜沙拉。將杏桃乾切成細丁，再將豆瓣菜的葉部與莖部切成兩部分，然後將莖部切成細丁。將檸檬汁、橄欖油、鹽、胡椒倒入盆子裡均勻攪拌，再均勻拌入切碎的杏桃乾與豆瓣菜。

3. 將烘餅麵糊倒在烤盤上（參考 p11），並在餅皮中央打一個雞蛋，以鏟刀將蛋白均勻地抹在餅皮上。接著在整張餅皮灑上胡椒，並在蛋黃表面灑鹽，最後依照完成品的大小在餅皮上均勻鋪滿綜合起司。

4. 待餅皮烤至金黃酥香，將四個邊往內折，折成正方形的形狀。

5. 將烘餅移到盤子，鋪上山羊奶起司，若手邊有噴槍，可炙燒一下起司的表面使其融化。鋪上 1、2 的食材後，灑上橄欖與巴西里即可。

point

山羊奶起司

山羊的法文為「chèvre」幾千年以來，
這款起司都是利用山羊奶製成，也被
譽為是最古老的乳製品之一。其獨特
的香氣與針刺般的刺激口感、酸味都
是最明顯的特徵。

海鮮法式烘餅
不可思議的美味

❋

鮭魚、牡蠣、鱈魚這一類海鮮
與蕎麥粉製成的烘餅
非常對味,可隨著料理方式變化
滋味的海味,絕對是
一道絕品佳餚。

氣泡酒玻璃杯（le GrandChemin）／浮雕餐盤（Comptoir de Famille）

煙燻鮭魚與無脂新鮮起司的經典組合，
三種新鮮起司混合出更加深層與清爽的滋味。

Galette nordique

煙燻鮭魚番茄新鮮起司烘餅

材料（1張量）

綜合起司（格律耶爾、紅切
達、高達）⋯⋯40 g

雞蛋⋯⋯1 顆

煙燻鮭魚⋯⋯2 片

番茄（薄片）⋯⋯3 片

鹽、胡椒⋯⋯各適量

蝦夷蔥（可用萬能蔥代替）
⋯⋯1 根

紅胡椒粉⋯⋯適量

紅椒粉⋯⋯適量

細香芹⋯⋯適量

【新鮮起司的鮭魚捲】
（1 捲量）

煙燻鮭魚⋯⋯2～3 片

無脂新鮮起司⋯⋯20 g

酸奶油⋯⋯10 g

卡特基起司⋯⋯10 g

蝦夷蔥（可用萬能蔥代
替）⋯⋯適量

鹽、胡椒⋯⋯各適量

作法

1. 製作無脂新鮮起司鮭魚捲。將無脂新鮮起司、
   酸奶油、卡特基起司倒入盆子裡攪拌均勻（記
   得別過度攪拌，不然會產生油水分離的現
   象）。倒入蝦夷蔥蔥花，再以鹽、胡椒調味。
   接著持續攪拌，直到全部食材開始凝固為止。

2. 在小盤子上鋪一層保鮮膜，再疊上鏤空模型
   （直徑 6 cm×高度 3 cm），然後將鮭魚鋪在
   模型裡 a 。倒入 1 的食材，再以撥刀將表面
   抹平 b 。將突出鏤空模型之外的鮭魚部分往內
   覆蓋 c ，再連同盤子包上一層保鮮膜，放至
   冰箱冷藏 1 小時。

3. 先將烘餅麵糊倒在烤盤上（參考 p11），再依
   照成品大小均勻鋪上 2/3 量的綜合起司。在烘
   餅中央打入一顆雞蛋，再以鏟刀將蛋白均勻抹
   在烘餅表面。

4. 將番茄、鮭魚鋪在烘餅上，並在蛋黃與番茄表
   面灑鹽。在整張烘餅灑胡椒後，待餅皮烤至金
   黃酥香，將烘餅的四個邊往內折，折成正方
   形，接著在蛋黃表面鋪上些許綜合起司，在還
   稍微看得到蛋黃的狀態下將烘餅翻面。

5. 將烘餅翻回正面並移到盤子裡，將 2 的保鮮膜
   拆掉，再將鏤空模型拿開，把無脂新鮮起司鮭
   魚捲疊在烘餅上。灑點蝦夷蔥、紅胡椒粉與紅
   椒粉，再點綴些許細香芹當作裝飾即可。

利用鏤空模型堆疊鮭魚，較能疊出漂
亮的形狀。

Sea food
Galette 19

氣泡酒玻璃杯、水晶杯
（le GrandChemin）

55

Seafood Galette 20

這款牡蠣與香草的組合在日本並不常見，
但香菜其實和海鮮的風味十分搭配。

Galette écaillée

奶油牡蠣香菜烘餅

材料（1 張量）

烘餅麵糊 ⋯⋯ 1 張量
綜合起司（格律耶爾、紅切
達、高達）⋯⋯ 30 g
雞蛋 ⋯⋯ 1 顆
紅胡椒粉 ⋯⋯ 適量
紅椒粉 ⋯⋯ 適量
香菜 ⋯⋯ 適量
鹽、胡椒 ⋯⋯ 各適量

【奶油牡蠣】
（方便製作的份量）
牡蠣（生食等級）⋯⋯ 4 顆
紅蔥頭 ⋯⋯ 1/2 顆
橄欖油 ⋯⋯ 適量
白葡萄酒 ⋯⋯ 1 大匙
鮮奶油（乳脂肪 47%）
⋯⋯ 75 cc
鹽、胡椒 ⋯⋯ 各適量

作法

1. 製作奶油牡蠣。以清水輕柔地洗淨牡蠣，再將表面的水氣擦乾。紅蔥頭先切成末。

2. 取一枝鍋子以中火加熱橄欖油，放入紅蔥頭爆香後，倒入牡蠣，煎至兩面略為變色為止。

3. 將白葡萄酒淋入 2 的鍋中，待牡蠣稍微縮水（別讓牡蠣煮得太老），倒入鮮奶油，轉成小火，煮到湯汁略微濃稠即可，再以鹽、胡椒調味。

4. 先將烘餅麵糊倒在烤盤上（參考 p11），並在烘餅中央打入一顆雞蛋，接著以鏟刀將蛋白均勻抹在烘餅表面。在整張餅皮灑上胡椒，並在蛋黃表面灑鹽。最後依照成品大小，在烘餅表面均勻鋪上綜合起司。

5. 待烘餅烤至金黃酥香，將四個邊往內折，折成正方形的形狀。

6. 將 5 的烘餅移至盤子，鋪上 3 的奶油牡蠣，再均勻淋上 3 的醬汁。灑上些許紅胡椒粉與紅椒粉，再以適量的香菜點綴。

Sea food
Galette **21**

Mouchain a Pastilles S 藍 （le GrandChemin）

利用海鮮熬煮而成的美味高湯化身為醬汁，
為漁獲豐富的布列塔尼地區最具代表性的烘餅。

Galette bretonne

海鮮番茄烘餅

材料（1張量）

烘餅麵糊 …… 1張量
雞蛋 …… 1顆
綜合起司（格律耶爾、紅
切、高達）…… 40 g
番茄 …… 1/8顆
鹽、胡椒 …… 各適量
巴西里（切末）…… 適量
紅胡椒粉 …… 適量
紅椒粉 …… 適量

【海鮮配菜】
（方便製作的份量）

蝦子 …… 12隻
干貝（帶有裙邊）
…… 6顆
花枝 …… 1小片
海瓜子（帶殼・已吐
砂）…… 12顆
紅蔥頭 …… 中型2顆
橄欖油 …… 適量
白葡萄酒 …… 50 cc
美式醬汁（市售品）
…… 1～2大匙
奶油 …… 10 g

作法

1. 製作海鮮配菜。蝦子先去殼。將花枝的足部拉出來，順勢將身體裡的內臟一併拉出來，之後從內部抽出軟骨，再將花枝切成一口大小。接著把海瓜子的外殼洗乾淨。紅蔥頭切末。

2. 取一只鍋子以小火加熱橄欖油，放入紅蔥頭炒至變透明色為止。倒入海瓜子，再淋入白葡萄酒，蓋上蓋子悶蒸一會。

3. 待 2 的海瓜子開口後，拌入蝦子、干貝、花枝、美式醬汁，再蓋上蓋子悶煮 5～10 分鐘。

4. 當 3 的海鮮全部煮熟，湯汁逐漸收乾時，關火，再將海鮮暫時取至鍋外備用。

5. 將奶油倒入鍋裡的湯汁，再以小火煮至略帶濃稠，醬汁就完成了。

6. 先將烘餅麵糊倒在烤盤上（參考 p11），並在烘餅中央打入一顆雞蛋，接著以鏟刀將蛋白均勻抹在烘餅表面。在烘餅表面均勻鋪上綜合起司，並在整張餅皮灑上胡椒，也在蛋黃表面灑鹽。

7. 待烘餅烤至金黃酥香，將 4 的海鮮、切成 1 cm 丁狀的番茄鋪在烘餅上，淋上 5 的醬汁，再將烘餅的四個邊往內折，折成正方形的形狀。

8. 將 7 的烘餅移至盤子，灑點巴西里、紅胡椒粉與紅椒粉即可。

Galette Brandade

鱈魚泥烘餅

Galette sétoise

塞特風茄汁花枝烘餅

陶製杯墊 （le GrandChemin）
餐刀、餐叉（Comptoir de Famille）

南法尼姆的傳統料理搖身成為美味烘餅，
將殘留在盤中的鱈魚泥鋪在麵包或餅乾上再吃也很美味。

Galette Brandade

鱈魚泥烘餅

材料（1 張量）

烘餅麵糊……1 張量
綜合起司（格律耶爾、紅切
達、高達）……40 g
紅胡椒粉……適量
新鮮百里香……適量

【鱈魚泥】（方便製作的份量）

新鮮鱈魚
　　……2 片（約 300 g）
馬鈴薯……中型 4 顆
牛奶……200 cc
水……200 cc
月桂葉……1 瓣
新鮮百里香……3 根
大蒜……3 瓣
巴西里莖（手邊有的話）
　　……1 根

鮮奶……50 cc
鹽、胡椒……各適量
橄欖油……適量
新鮮百里香……3 根

作法

1. 製作鱈魚泥。將整顆馬鈴薯放進熱水氽煮，直到變軟為止，趁馬鈴薯還未冷卻剝下外皮。完全冷卻後，保留些許馬鈴薯，以便後續作為裝飾用。

2. 在鱈魚表面灑上薄薄的一層鹽，靜置 1 小時。

3. 將食材A與擦乾多餘水分的 2 一起放入鍋裡，以小火慢煮 10～15 分鐘 a 。以篩網過濾出鱈魚與大蒜後，將鱈魚的魚皮與骨頭摘除，接著留下些許鱈魚，留待後續作為點綴用的食材。

4. 將切成適當大小的1（馬鈴薯）放到食物調理機裡，再將 3 的鱈魚和大蒜放入，一邊少量倒入鮮奶油，一邊利用食物調理機攪拌食材，待食材被攪拌成略帶粗顆粒的泥狀，再以鹽、胡椒調味。

5. 將當做裝飾用的馬鈴薯、鱈魚撥散成方便入口的大小，再與橄欖油、百里香、鹽、胡椒拌勻。

6. 將烘餅麵糊倒在烤盤上（參考p11），再依照成品大小均勻鋪上 2/3 量的綜合起司。將 4的鱈魚泥均勻地抹在餅皮表面，等待餅皮烤至金黃酥香，再將餅皮的四個邊往內折，折成正方形的形狀。最後將剩下的綜合起司鋪在鱈魚泥上層，翻面繼續烘烤。

7. 將烘餅翻回正面後，移到盤子裡再鋪上5的食材。最後灑點紅胡椒粉與百里香當裝飾。

a
鱈魚經過牛奶與香草燉煮後，可以去除特有的魚腥味，而且煮得再久也能留住鱈魚本身的鮮美。

茄汁花枝是南法特有的鄉村料理，
經過徹底熬煮，讓蒜味美乃滋突顯烘餅的風味吧。

Galette sétoise

塞特風茄汁花枝烘餅

材料（1 張量）

烘餅麵糊……1 張量
雞蛋……1 顆
綜合起司（格律耶爾、
紅切達、高達）…… 40 g

【茄汁花枝】
（方便製作的份量）
花枝……1 片
洋蔥……1/2 顆
大蒜……1 瓣
番茄……1 顆
義大利番茄（重口
味）…… 20 g
巴西里莖…… 1 根
橄欖油…… 適量
鹽、胡椒…… 各適量
白葡萄酒…… 100 cc

【蒜味美乃滋】
（方便製作的份量）
蛋黃…… 1 顆
大蒜（蒜泥）
…… 1/2 瓣量
第戎黃芥末醬
…… 1 小匙
水…… 1 小匙
橄欖油…… 150 cc
鹽…… 少許

鹽、胡椒…… 各適量
巴西里（切末）
…… 適量

作法

1. 製作蒜味美乃滋。將橄欖油與鹽之外的食材全部倒入盆子裡攪拌均勻，一邊攪拌食材，一邊少量倒入橄欖油，讓食材產生乳化效果 a 。之後以鹽調味。

2. 接著製作茄汁花枝。拉出花枝的足部時，順勢從身體內部拉出內臟，將藏在內部的軟骨抽出，再將花枝切成一口大小。足部也分切成方便入口的長度。洋蔥、大蒜先切成末，番茄則摘去蒂頭，切成 1cm 的丁狀。義大利番茄則放入食物調理機打成糊（或是切丁）。

3. 取一只中鍋以大火加熱橄欖油，再將瀝乾水分的花枝放入鍋中，並灑入鹽與胡椒拌炒。倒入半量的白葡萄酒 b 之後，將花枝與湯汁一併倒至鍋外備用。

4. 取一只略有深度的鍋子以中火加熱橄欖油，再放入洋蔥與大蒜爆香，待香氣逸出鍋外灑點鹽、再倒入剩下的白葡萄酒、番茄、義大利番茄、巴西里莖熬煮 15 分鐘。接著倒入 3 煮 10 分鐘，等到湯汁變少即可倒入 1 大匙 1 的蒜味美乃滋。最後以鹽、胡椒調味。

5. 將烘餅麵糊倒在烤盤上（參考 p11），並在餅皮中央打一個雞蛋，再以鏟刀將蛋白均勻地抹在餅皮上。接著在整張餅皮灑上胡椒，並在蛋黃表面灑鹽，最後依照完成品的大小在餅皮上鋪滿綜合起司。待烘餅烤至金黃酥香，將餅皮的四個邊往內折，折成正方形的形狀。

6. 將 5 的烘餅移到盤中，灑點巴西里當裝飾。食用時，可將 1 的蒜味美乃滋當成沾醬一併吃。

倒橄欖油的時候，要讓油量
如細絲般垂入鍋中，以免發
生油水分離的現象。

倒入白葡萄酒後，可將黏在
鍋底的花枝鮮味鏟起來。

Sea food
Galette **24**

淡菜與油炸馬鈴薯在法國是一對無法拆散的組合，
在醬汁基底放入大量的紅蔥頭，就是這道美味料理的關鍵。

Galette marinière

白酒蒸淡菜烘餅

材料（1 張量）

烘餅麵糊 ⋯⋯ 1 張量
雞蛋 ⋯⋯ 1 顆
格律耶爾起司 ⋯⋯ 30 g
淡菜 ⋯⋯ 6 個
紅蔥頭 ⋯⋯ 1/2 顆
橄欖油 ⋯⋯ 適量
白葡萄酒 ⋯⋯ 50 cc
奶油（視個人喜好）
　⋯⋯ 適量
鹽、胡椒 ⋯⋯ 各適量
巴西里（切末）⋯⋯ 適量

【酥炸馬鈴薯】
（方便製作的份量）
馬鈴薯 ⋯⋯ 1 顆
炸油 ⋯⋯ 適量

淡菜的足絲是不能吃的，所
以要以手指從貝柱開始，往
口部的方向將足絲全數摘
除。

point

淡菜的食用方式

可以使用餐叉與餐刀來吃，或用淡
菜本身的灵殼將貝肉挾起來吃，都
十分符合法國的餐桌禮儀。

作法

1. 製作酥炸馬鈴薯。用刨絲器將馬鈴薯刨成細絲
後，放入炸油炸至酥脆，再取出鍋外瀝油。

2. 將淡菜的足絲剔除 a ，並徹底洗淨。紅蔥頭切
末。取一只鍋子以中火加熱橄欖油後，倒入紅
蔥頭爆香，待香氣飄出，倒入淡菜。

3. 將白葡萄酒倒入 2 的鍋中，蓋上鍋蓋悶蒸，直
到淡菜開口，徹底煮熟後，將淡菜暫時取出鍋
外備用。將奶油倒入鍋中的湯汁，加熱至湯汁
稍微收乾後，醬汁就完成了。

4. 將烘餅麵糊倒在烤盤上（參考 p11），並在餅
皮中央打一個雞蛋，再以鏟刀將蛋白均勻地抹
在餅皮上。接著在蛋黃表面灑鹽，並在整張餅
皮灑上胡椒，最後依照完成品的大小在餅皮上
鋪滿格律耶爾起司。

5. 待烘餅烤至金黃酥香，將餅皮的三個邊往內
折，折成三角形的形狀。

6. 將烘餅移至盤中，鋪上 3 的淡菜，再淋上 3 的
醬汁。最後在上層鋪上 1 的酥炸馬鈴薯，再灑
點巴西里增色。

Sea food
Galette 25

陶製杯墊、 附筆筆記本 （le GrandChemin）

66

蒜味與巴西里風味強烈的手工製奶油蝸牛擁有十分濃醇的風味，
搭配烘餅十分美味。請務必搭配較為嗆辣的白葡萄酒一併享用。

Galette bourguignonne

奶油蝸牛格律耶爾起司烘餅

材料（1 張量）

烘餅麵糊⋯⋯1 張量
蛋黃⋯⋯1 顆量
格律耶爾起司⋯⋯30 g
蝸牛罐頭⋯⋯1/4 罐（6 顆）
紅蔥頭⋯⋯1/2 顆
橄欖油⋯⋯適量
鹽、胡椒⋯⋯各適量
巴西里（切末）⋯⋯適量
紅胡椒粉⋯⋯適量

【奶油蝸牛】
（方便製作的份量）
大蒜（細末）⋯⋯1 小瓣量
奶油⋯⋯100 g
橄欖油⋯⋯適量
巴西里（切末）⋯⋯10 g

作法

1. 製作奶油蝸牛。取一只平底鍋以中火加熱橄欖油，倒入大蒜爆香。待香氣逸出，讓大蒜靜置待涼。以打蛋器將奶油打至綿滑後，均勻拌入剛剛爆香的大蒜與巴西里。

2. 將紅蔥頭切末，取一只鍋子以中火加熱橄欖油，再倒入紅蔥頭翻炒爆香。倒入蝸牛煎五分鐘後，將蝸牛取出鍋外，視個人喜好的量與 1 拌勻。

3. 將烘餅麵糊倒至烤盤（參考 p11），接著在餅皮中央打一顆蛋，並在蛋黃表面灑鹽，然後在餅皮灑上胡椒，依照完成品大小在餅皮表面鋪上格律耶爾起司。

4. 待餅皮烤至金黃酥香，將餅皮的四個邊往內折，折成正方形的形狀。

5. 將 4 的烘餅移至盤中，鋪上 2 的食材，再灑點巴西里與紅胡椒粉即可。

事前準備

· 先讓奶油恢復至室溫的柔軟度。

point

蝸牛罐頭

屬於蝸牛的一種，以食用葡萄葉的布列塔尼蝸牛最為有名，通常作為法式料理的前菜使用。若打算在家裡料理這道菜，可使用在超市銷售的罐頭。

平底鍋就能做的
超簡單烘餅

接下來要介紹沒有薄餅鍋或專用鐵板時，
只用家用平底鍋就能輕鬆製作的超簡單食譜。

Ecru 蛋糕盤 L 藍色 （le GrandChemin）／
鹽罐 & 胡椒罐、 托盤、 墊布 （Comptoir de Famille）

剛開始做或許比較困難，但熟練之後，就能煎出薄薄的可口餅皮。
火腿可選擇厚實一點，不會因加熱而變得乾癟沒有油脂的類型。

Œuf, jambon, fromage

火腿起司太陽蛋烘餅

材料（1 張量）

烘餅麵糊⋯⋯1 張量

披薩用起司⋯⋯50 g

火腿⋯⋯2 張

雞蛋⋯⋯1 顆

沙拉油⋯⋯適量

鹽、胡椒⋯⋯各適量

※ 平底鍋可選擇直徑 26～30 cm 大小，
方便使用的款式。

作法

1. 先在平底鍋鍋底抹一層薄薄的沙拉油，以中火熱油，接著將鍋子墊在潮溼的布巾上 5 秒，讓鍋子稍微降溫。

2. 再次以中火加熱平底鍋，然後將一大杓麵糊倒入鍋裡，記得倒成圓形的形狀。

3. 將平底鍋拿起來，並沿著圓弧晃動鍋子，讓麵糊得以變圓，薄度也能一致。

4. 再次以中火加熱，再以竹籤將麵糊從鍋底挑起來，才方便後續將麵糊折成需要的形狀。

5. 依照完成品大小，在餅皮表面均勻鋪上披薩用起司。

6. 在起司上層鋪上火腿。

7. 確認餅皮是否已煎得金黃酥香。

8. 利用鏟刀將餅皮的四個邊往內折，折成正方形的形狀。

9. 將預先煎好的太陽蛋疊在餅皮上。

10. 利用鏟刀將烘餅移到盤子裡，再灑上鹽與胡椒調味。

餐刀、餐叉、餐巾、墊布（Comptoir de Famille）

在烤箱裡受熱，濃縮一切美味的番茄，
經過烘烤的美味湯汁是最棒的醬汁。

Tomate Roti

整顆烘烤的番茄烘餅

材料（1 人份）

烘餅麵糊……1 張量
披薩用起司……50 g
番茄……1 顆

A

紅蔥頭（切末）……1 瓣量
乾燥奧勒岡……適量
橄欖油……2 大匙
鹽、胡椒……各適量
巴西里（切末）
……適量
紅胡椒粉……適量

作法

1. 將番茄的上緣切下薄薄一片，灑上鹽
   與胡椒後，鋪上調勻的食材A，再放
   入預熱至 160℃ 的烤箱裡烤 30～40 分
   鐘 a 。

2. 烤一張烘餅（參考 p71），再依完成
   品大小在餅皮表面均勻鋪上披薩用起
   司，待烘餅煎至金黃酥香，將餅皮的
   四個邊往內折，折成長方形的形狀。

3. 將 2 的烘餅移到盤子裡，疊上 1 的番
   茄，再灑點巴西里與紅胡椒粉。

將加強風味的紅蔥頭、香草，
以及增添濃醇的橄欖油鋪在
番茄上方，再將番茄送進烤
箱烘烤。

氣泡酒玻璃杯（le GrandChemin）／Camille餐盤、餐刀、餐叉、餐巾（Comptoir de Famille）

肉香四溢的
法式烘餅

❦

一款由雞肉與火腿
交織出美妙口感的重量級烘餅,
也是一道滿溢著
優質肉汁的奢華佳餚。

這是法國西南方巴斯克地區的傳統料理。由雞肉、新鮮番茄一起熬煮而成，
清爽的口感與烘餅相當對味。

Galette basquaise

番 茄 燉 雞 肉 烘 餅

材料（1 張量）

烘餅麵糊 …… 1 張量
雞蛋 …… 1 顆
綜合起司（格律耶爾、紅
切達、高達）…… 40 g
鹽、胡椒 …… 各適量
巴西里（切末）…… 適量
紅胡椒粉 …… 適量

【番茄燉雞肉】
（方便製作的份量）

雞肉 …… 500 g
番茄 …… 800 g（原味）
洋蔥 …… 1 顆
彩椒（紅、黃）
…… 各1/2 顆
青椒 …… 2 顆
大蒜 …… 2 瓣
新鮮百里香 …… 3 根
月桂葉 …… 1 瓣
低筋麵粉 …… 2 大匙
紅椒粉 …… 1 大匙
橄欖油 …… 適量
白葡萄酒 …… 100 cc
鹽、胡椒 …… 各適量

作法

1. 先從番茄燉雞肉著手製作。雞肉切成一口大小，在表面均勻抹上一層低筋麵粉與紅椒粉。取一只鍋子以中火加熱橄欖油，放入雞肉，將雞肉表面稍微煎一下。將雞肉暫時取出鍋外，淋上些許白葡萄酒，再將殘留的油脂與鍋底焦黑的部分刮起來，高湯的部分也先保留。

2. 將番茄放入熱水裡汆燙，撈起來去皮後，切成粗塊。洋蔥、去掉蒂頭的彩椒與青椒一同切成細條。大蒜先切成薄片。

3. 在 1 的鍋中倒入橄欖油，以中火加熱後，倒入大蒜爆香，待香氣逸出鍋外，倒入洋蔥、彩椒與青椒。當所有蔬菜的表面都沾到油，且熟度達三成時，將番茄、百里香、月桂葉、1 的雞肉與高湯全部倒入鍋中，繼續燉煮 20～30 分鐘。

4. 待雞肉煮軟、湯汁也逐漸收乾後，以鹽、胡椒調味（若水分不足，可倒入番茄汁補充）。

5. 將烘餅麵糊倒在烤盤上（參考 p11），並在餅皮中央打一個雞蛋，再以鏟刀將蛋白均勻抹在餅皮上。在蛋黃表面灑鹽，並在整張烘餅灑胡椒之後，依完成品大小在餅皮上鋪滿綜合起司。

6. 待烘餅烤至金黃酥香，將 4 的食材疊在烘餅上，並將烘餅的四個邊往內折，折成正方形。

7. 將 6 的烘餅移至盤中，灑上些許巴西里與紅胡椒粉就大功告成了。

Meat
Galette **26**

Meat
Galette **27**

Galette Parmentier

肉豆蔻酥炒牛絞肉佐馬鈴薯泥烘餅

Galette Canard, Figues

油封鴨胸無花果烘餅

Galette Parmentier

肉豆蔻酥炒牛絞肉佐馬鈴薯泥烘餅

材料（1 張量）

烘餅麵糊……1 張量
雞蛋……1 顆
綜合起司（格律耶爾、紅切達、高達）……40 g

【肉豆蔻酥炒牛絞肉】
（方便製作的份量）
牛絞肉……200 g
洋蔥……1/2 顆
大蒜……1 瓣
橄欖油……適量
紅葡萄酒……30 cc
肉豆蔻粉……適量
鹽、胡椒……各適量

【馬鈴薯泥】
馬鈴薯……1 顆
牛奶……50 cc
融化奶油……50 g
鹽、胡椒……各適量

巴西里（切末）……適量
紅胡椒粉……適量
紅椒粉……適量

作法

1. 先製作馬鈴薯泥。整顆馬鈴薯放入熱水氽燙變軟後，趁著餘溫未散，將外皮剝掉。待完全降溫後，放至冰箱冷藏（方便的話，可在前一天就完成此步驟）。

2. 將切成適當大小的馬鈴薯放入食物調理機裡，攪拌成泥的同時，逐量倒入牛奶，等到馬鈴薯完全打成泥，再倒入融化奶油、鹽、胡椒調味 a 。

3. 接著製作肉豆蔻酥炒牛肉。洋蔥與大蒜切成末之後，取一只鍋子以小火加熱橄欖油，放入洋蔥與大蒜爆香，待香氣逸出，再放入牛絞肉。

4. 待 3 的牛絞肉變色，淋上些許紅葡萄酒，再以肉豆蔻、鹽、胡椒調味。

5. 倒入烘餅麵糊（參考 p11），並在餅皮中央打一個雞蛋，再以鏟刀將蛋白均勻地抹在餅皮上。接著在整張餅皮灑上胡椒，並在蛋黃上灑鹽，最後依照完成品的大小在餅皮上鋪滿綜合起司。

6. 待烘餅烤至金黃酥香，放入 4 的牛肉，再將烘餅的三個邊（留下一邊）往內折，折成正方形的形狀。

7. 將 6 的烘餅移至盤中，在一旁附上以微波爐加熱的 2 食材。灑上些許巴西里、紅胡椒粉與紅椒粉即可。

若是在餘溫未散的狀態下就將馬鈴薯打成泥，會導致馬鈴薯泥過於黏稠，因此務必使用完全降溫後的馬鈴薯製作。

這是從鴨肉與紅酒醬的組合發想誕生的美味，
莓果的酸甜與無花果風味，都讓鴨肉的滋味變得更為深奧。

Galette Canard, Figues

油封鴨胸無花果烘餅

材料（1 張量）

烘餅麵糊 …… 1 張量
綜合起司（格律耶爾、紅切達、
高達）…… 30 g
無花果 …… 1/2 顆

【油封鴨胸】
（方便製作的份量）

鴨胸肉 …… 1 塊
橄欖油 …… 適量
鹽、胡椒 …… 各適量

【莓果醬汁】
（方便製作的份量）

覆盆子 …… 100 g
藍莓 …… 50 g
黑醋栗 …… 50 g
細砂糖 …… 10 g
巴薩米可醋 …… 100 cc
黑醋栗利口酒 …… 20 cc
鹽 …… 適量

嫩葉生菜 …… 適量

【基本淋醬】
（製作方法參考 p35）…… 適量
巴西里（切末）…… 適量

作法

1. 先製作莓果醬汁。將莓果類食材、細砂糖倒入鍋裡，再以中火加熱至水分逐漸揮發，至莓果煮爛為止。

2. 將巴薩米可醋倒入 1 的鍋中，再持續加熱至整鍋食材變得濃稠為止（如果覺得酸味不夠明顯，可酌量倒入巴薩米可醋調整）。最後以黑醋栗利口酒與鹽調味 a 。

3. 接著製作油封鴨胸。鴨肉先以餐巾紙將表面的水氣擦乾，再在鴨皮表面劃出 5mm 間隔的格狀花紋。在表面抹上些許鹽、胡椒後，放至冰箱冷藏 1～2 小時。

4. 在平底鍋鍋底抹上一層薄薄的橄欖油，再將 3 的鴨肉以鴨皮朝下的方向放入鍋中。當鴨肉慢慢熟成，就會不斷地分泌出油脂，此時請先關火，並將鴨油倒掉 b 。接著倒入大量的橄欖油，並以中火加熱，然後一邊以湯匙將橄欖油撈起來淋在鴨肉表面，封住鴨肉本身的美味 c 。

5. 待 4 的鴨肉熟成至 3～4 成，表面變白後，以鋁箔紙包住鴨肉，放到預熱至 170℃ 的烤箱裡烤 15～20 分鐘。取出後，在包著鋁箔紙的狀態等待鴨肉降溫，之後再將鴨肉切成 3mm 厚的薄片。

6. 無花果不需剝皮，直接切成 8 等分的梳子狀。嫩葉生菜則與基本淋醬調和，做成生菜沙拉。

7. 將烘餅麵糊倒在烤盤（參考 p11），再依照完成品的大小在餅皮上鋪滿綜合起司，接著在整張餅皮灑上胡椒。待餅皮烤至金黃酥香，將餅皮的三個邊往內折，折成三角形的形狀。

8. 將 7 的烘餅移到盤中，再交互疊上 5 的油封鴨肉與 6 的無花果，再從上方淋上些許 2 的莓果醬汁。最後鋪上 6 的嫩葉生菜沙拉，再灑點巴西里裝飾。

煮到醬汁變得濃稠為止。

鴨肉特有的腥味會隨著油脂一併分泌，所以得倒掉最初分泌的油脂。

鴨肉不需翻面，只需一匙匙地將油撈起淋在表面，讓鴨肉慢慢熟成。

$\mathcal{M}$eat
$\mathcal{G}$alette $\mathbf{29}$

陶製湯匙架（le GrandChemin）／
Faustine餐盤、餐刀、餐叉、桌布（Comptoir de Famille）

這道食譜大量使用了法國中部第戎生產的黃芥末醬，
兩種黃芥末醬為雞肉增添了濃醇風味與爽口酸味。

Galette dijonnaise

第戎黃芥末醬炒雞絞肉烘餅

材料（1 張量）

烘餅麵糊 …… 1 張量

綜合起司（格律耶爾、紅切
達、高達）…… 40 g

雞蛋 …… 1 顆

鹽、胡椒 …… 各適量

巴西里（切末）…… 適量

紅胡椒粉 …… 適量

紅椒粉 …… 適量

第戎顆粒黃芥末醬 …… 適量

【黃芥末醬炒雞絞肉】
（方便製作的份量）

雞絞肉 …… 200 g

洋蔥 …… 1/2 顆

橄欖油 …… 適量

第戎黃芥末醬 …… 15 g

第戎顆粒黃芥末醬 …… 10 g

酸奶油 …… 5 g

鹽、胡椒 …… 各適量

作法

1. 先製作黃芥末醬炒雞肉。洋蔥切成末
後，取一只鍋子以小火加熱橄欖油再
倒入洋蔥，炒至洋蔥稍微變色與釋放
甜味為止。

2. 將雞絞肉倒入 1 的鍋中炒至接近完
全變色時，倒入兩種黃芥末醬與酸
奶油稍微拌炒，再以鹽、大量的胡
椒調味。

3. 倒入烘餅麵糊（參考 p11），並在餅皮
中央打一個雞蛋，以鏟刀將蛋白均勻地
抹在餅皮上。接著在蛋黃表面灑鹽，並
在整張餅皮灑上胡椒。最後依照完成品
的大小在餅皮上鋪滿綜合起司。

4. 當烘餅烤至金黃酥香，鋪上 2 的雞肉，
再將烘餅的三個邊（留下一邊）往內
折，折成正方形的形狀。

5. 將 4 的烘餅移至盤中，灑上些許巴西
里、紅胡椒粉、紅椒粉。品嘗時，可依
個人喜好決定是否沾顆粒黃芥末醬。

Meat
Galette **30**

GrandChemin原創筆記本 巴黎（le GrandChemin）、
氣泡酒玻璃杯 透明（le GrandChemin）、
餐刀、餐叉（Comptoir de Famille）

在烘餅中填入足以代表法國諾曼第地區的卡門貝爾起司與香烤馬鈴薯，
再烤成內層鬆軟、外層酥香的口感。莎樂美腸的強烈風味，
讓烘餅的滋味變得更加厚實可口。

Galette paysanne

香烤馬鈴薯與莎樂美腸佐卡門貝爾起司烘餅

材料（1 張量）

烘餅麵糊⋯⋯ 1 張量
綜合起司（格律耶爾、紅
切達、高達）⋯⋯ 30 g
雞蛋⋯⋯ 1 顆

【香烤馬鈴薯】
（方便製作的份量）

馬鈴薯⋯⋯ 小型 2 顆
培根（厚切）⋯⋯ 100 g
大蒜⋯⋯ 1 瓣
洋蔥⋯⋯ 1/4 顆
橄欖油⋯⋯ 適量
奶油⋯⋯ 適量
鹽、胡椒⋯⋯ 各適量

卡門貝爾起司⋯⋯ 1/3 塊
軟式莎樂美腸（薄切）
⋯⋯ 3 片
鹽、胡椒⋯⋯ 各適量
巴西里（切末）⋯⋯ 適量
紅胡椒粉⋯⋯ 適量
紅椒粉⋯⋯ 適量

作法

1. 先製作香烤馬鈴薯開始。整顆馬鈴薯放入熱水汆煮，直到變軟後，趁熱剝皮，再切成 1 cm 的丁狀。培根切成 1 cm 寬。大蒜與洋蔥切成薄片。

2. 取一只鍋子以小火加熱橄欖油，放入大蒜炒出香氣後，倒入洋蔥與培根，再以小火慢炒。待所有食材炒熟，倒入 1 的香烤馬鈴薯，煎至表面變色，再倒入奶油、鹽與胡椒調味。

3. 將烘餅麵糊倒至烤盤（參考 p11），再依照完成品大小將 2/3 量的綜合起司鋪在烘餅表面。在烘餅表面打一個雞蛋，再以鏟刀將蛋白均勻抹在烘餅上，最後在蛋黃表面灑鹽，並在整張烘餅灑上胡椒。

4. 待烘餅烤至金黃酥香，將 2 的食材與撕碎的卡門貝爾起司鋪在烘餅上，然後將烘餅的四個邊往內折，折成正方形的形狀。最後在看得到的蛋黃部分上鋪上剩下的綜合起司，並將烘餅翻面繼續烤。

5. 將 4 的烘餅翻回正面後，移到盤子裡鋪上莎樂美腸。灑上些許巴西里、紅胡椒粉與紅椒粉就大功告成了。

Galette Curry

咖哩雞肉烘餅

Meat
Galette
31

氣泡酒玻璃杯 透明、GC Monogram桌巾、
Bleu de Provence酒杯、GC Quilt Free Cross Square 紫（le GrandChemin）、
鹽罐＆胡椒罐、Faustine餐盤（Comptoir de Famille）

Marinade

色彩繽紛的醋漬蔬菜

以溫潤的番茄滋味為基底的咖哩與烘餅居然如此對味，
將雞肉放在優酪裡醃漬後，不管煮多久肉還是相當有嚼勁。

GALETTE CURRY

咖哩雞肉烘餅

材料（1 張量）

烘餅麵糊 —— 1 張量
綜合起司（格律耶爾、紅
切達、高達）—— 40 g
雞蛋 —— 1 顆
橄欖油 —— 適量
胡椒 —— 適量
巴西里（切末）—— 適量
各種醋漬蔬菜（製作方法
請參考 p89）—— 適量

【咖哩雞肉】
（方便製作的份量）
雞腿肉 —— 1 支
A
　咖哩粉 —— 10 g
　原味優酪 —— 80 g

番茄 —— 大型 2 顆（400 g）
大蒜 —— 1/2 瓣
生薑 —— 1/2 瓣
奶油 —— 40 g
咖哩粉 —— 20 g
紅椒粉 —— 5 g
鮮奶油 —— 50～100 cc

作法

1. 製作咖哩雞肉。雞肉先切成一口大小。將食材 A 倒入盆子攪拌均勻後倒入雞肉 a，並在盆子外罩上一層保鮮膜，放至冰箱冷藏 1～2 小時醃漬。

2. 番茄以熱水汆燙去皮後，切下蒂頭，再切成 1 cm 的丁狀。大蒜與生薑都先切成細末。

3. 將 2 的番茄放入鍋中後，以中火慢慢加熱熬煮，並將酸味煮至揮發。

4. 取另一只鍋子以小火加熱奶油，再倒入 2 的大蒜與生薑爆香，待香氣逸出鍋外，拌入咖哩粉與紅椒粉，再繼續拌炒。倒入 1 與 3 的食材後，以小火煮至雞肉變得軟爛，再倒入收尾的鮮奶油煮一會兒再關火 b。

5. 取一只平底鍋以中火加熱橄欖油，再打入一顆蛋煎成太陽蛋。

6. 將烘餅麵糊倒在烤盤上（參考 p11），接著依照完成品的大小在餅皮上鋪滿綜合起司，並均勻地在整張餅皮灑胡椒。待餅皮烤至金黃酥香，將四個邊往內折，折成長方形。

7. 將 6 的烘餅移至盤中，鋪上 4 與 5 的食材，並在一旁附上各種醋漬蔬菜，然後灑點巴西里當裝飾。

將雞肉放入咖哩與優格裡醃漬，肉質會變得軟嫩富彈性。

咖哩的濃度要煮到比帶顆粒的狀態還要黏稠的狀態。

吃起來就像是酸甜恰到好處的沙拉，
除了食譜上的食材，不妨試試放入秋葵、茗荷或蘋果醃漬。

Marinade

色彩繽紛的醋漬蔬菜

材料（方便製作的份量）

彩椒（紅、黃）
—— 各 1/2 顆

小番茄 —— 10 顆

櫛瓜 —— 1 根

胡蘿蔔 —— 1 根

芹菜 —— 1 根

芹菜葉 —— 1 根量

【醋漬液】

米醋 —— 200 cc

水 —— 200 cc

砂糖 —— 75 g

鹽 —— 10 g

月桂葉 —— 2 瓣

大蒜 —— 1 大瓣

胡椒粒（黑・白）
—— 各適量

紅辣椒 —— 1 大根

作法

1. 彩椒去掉蒂頭後，剖成兩半，再分別切成 1 cm 寬的細條。櫛瓜、胡蘿蔔、剝掉外層粗纖維的芹菜都先切成與彩椒一樣的長度，芹菜葉則先切成粗段。

2. 將所有醋漬液的材料倒入鍋中以中火加熱，煮沸後關火，靜置直到完全降溫。

3. 將 1 的食材與小番茄倒入煮沸消毒過的耐熱保鮮容器裡，再將 2 的醋漬液倒入容器，蓋上蓋子醃漬 2～3 天 a。

※ 若放冰箱冷藏，約可保存 1 個月。

醋漬液一定要先煮沸一次才能倒入保鮮容器裡，之後可視個人口味擺入切好的蔬菜。

a

Bonappetit 餐布 灰棕色 （le GrandChemin）
Camille 餐盤 （Comptoir de Famille）

擁有獨特風味的北非香腸，在紅酒燉煮的深層風味
與蕎麥香氣搭配下，成為一道讓人一吃上癮的家常料理。

Galette Merguez

北非香腸佐紅酒燉紫色高麗菜

材料（1 張量）

烘餅麵糊 ⋯⋯ 1 張量

綜合起司（格律耶爾、紅切達、高達）
⋯⋯ 40 g

北非香腸（市售品）⋯⋯ 1～2 根

【紅酒燉紫色高麗菜】
（方便製作的份量）

紫色高麗菜 ⋯⋯ 150 g

洋蔥 ⋯⋯ 1/4 顆

蘋果 ⋯⋯ 1/2 顆

奶油 ⋯⋯ 適量

三溫糖（可用一般細砂糖替代）
⋯⋯ 1 大匙

紅葡萄酒 ⋯⋯ 150 cc

鹽、胡椒 ⋯⋯ 各適量

胡椒 ⋯⋯ 適量

巴西里（切末）⋯⋯ 適量

作法

1. 製作紅酒燉紫色高麗菜。紫色高麗菜與洋蔥切成 2 mm 寬的細條，蘋果去除果核與削去外皮，再切成 1 cm 的丁狀。

2. 取一只鍋子以小火加熱奶油，放入洋蔥與蘋果，炒至食材變軟呈現糖色後倒入三溫糖，稍微攪拌一下，再倒入紫色高麗菜炒至變軟。接著淋入紅酒，蓋上鍋蓋，以小火燜煮 15 分鐘，直到水分收乾為止，再以鹽、胡椒調味。

3. 將北非香腸放入平底鍋，煎至內外熟透為止。

4. 將烘餅麵糊倒在烤盤上（參考 p11），依照完成品的大小在餅皮上鋪滿綜合起司，並在整張餅皮均勻灑上胡椒。待餅皮烤至金黃酥香，將餅皮的三個邊往內折，折成三角形的形狀。

5. 將 4 的餅皮移到盤子裡，鋪上 3 的食材，並在一旁附上 2 的食材。最後灑點巴西里與胡椒。

Bonappetit 餐布 灰棕色 （le GrandChemin）
浮雕餐盤 （Comptoir de Famille）

烘餅的鹹味與楓糖的甘甜意外的搭配，
是一道營養健康，也很適合作為早午餐和輕食享用的烘餅。

Galette Santé

楓糖火雞肉火腿燕麥多穀片烘餅

材料（1 張量）

烘餅麵糊 …… 1 張量

綜合起司（格律耶爾、紅切達、高
達）…… 40 g

火雞肉火腿（沒有的話可改用無骨
火腿）…… 1～2 片

燕麥多穀片（沒有的話可改用格蘭
諾拉麥片）…… 適量

【卡特基起司】
（方便製作的份量）

牛奶 …… 500 cc

檸檬汁 …… 1 顆量

胡椒 …… 適量

純楓糖 …… 適量

巴西里（切末）…… 適量

作法

1. 製作卡特基起司。將牛奶倒入鍋中，加熱至 80～90℃ 後，倒入檸檬汁，一邊輕輕攪拌，一邊以小火加熱。當牛奶開始凝結（乳清和起司分離），關火，倒入底層鋪有餐巾紙的篩網裡，徹底瀝乾起司的水分。

2. 將烘餅麵糊倒在烤盤上（參考 p11），依照完成品的大小在餅皮上鋪滿綜合起司，並均勻地在整張餅皮灑上胡椒。待餅皮烤至金黃酥香，鋪上火雞肉火，再將四個邊往內折，折成正方形的形狀。

3. 將 2 的烘餅移至盤中，再鋪上燕麥多穀片與 1 的起司，灑點巴西里，淋上大量的楓糖。

point

燕麥多穀片

在燕麥中摻入多種穀物、水果乾、核果的穀片食品。一般會拌牛奶或優格一起吃，營養價值也很高。

不小心做多的麵糊可充分發揮主廚的創意，
做成更多的美味配菜。

浮雕盤 M（Many）

一道道創造大量驚喜的綜合食譜，
不僅可迅速準備完成，還能瞬間打造華麗的餐桌。

Blinis 俄式鬆餅前菜

材料（方便製作的份量）

烘餅麵糊…… 適量
酸奶油…… 100 g
鹽、胡椒…… 各適量

【點綴用】
煙燻鮭魚…… 適量
生火腿…… 適量
核桃…… 適量
愛吃的核果…… 適量

綠橄欖…… 適量
李子乾…… 適量
半乾燥番茄…… 適量
栗子澀皮煮（糖煮帶皮栗子）
…… 適量
蜂蜜生薑（製作方法參考
p 112）…… 適量
可視個人喜好添加胡椒、巴西里
（切末）…… 各適量

作法

1. 將烘餅麵糊烤成直徑 5 cm 的烘餅（參
   考 p11）。

2. 將鹽與胡椒均勻拌入酸奶油。

3. 將 2 的食材鋪在 1 的烘餅上，再將點
   綴用的食材繽紛地鋪上，最後視個人
   口味灑上胡椒與巴西里。

餐巾 粗條紋 BLUE （le GrandChemin）

只需放上愛吃的食材再捲起來就完成了！
改用鋁箔紙包起來，還能當作便當或是帶去野餐。

Roulé Sarrasin

蕎 麥 薄 餅 三 明 治 捲

材料（方便製作的份量）

烘餅麵糊⋯⋯適量

A

　酸奶油⋯⋯120 g

　鹽、胡椒⋯⋯各適量

紅葉萵苣⋯⋯適量

紅酒燉紫色高麗菜（製作方法
參考 p 90）⋯⋯適量

火腿⋯⋯適量

半乾燥番茄⋯⋯適量

作法

1. 先準備烤好的烘餅（參考 p11）。

2. 將 1 的烘餅鋪在餐巾上，再將紅葉萵苣、紅酒燉紫色高麗菜、火
   腿、拌有半乾燥番茄的食材 A 依序鋪在烘餅上。捲成一捲後，再
   斜切成兩半。

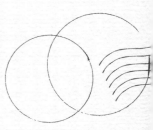

氣泡水晶杯 （le GrandChemin）
餐刀、餐叉 （Comptoir de Famille）

讓做好的薄餅隔天也能美味上桌的新提案！
使用大量雞蛋烤成的法式薄餅，口感可是無敵鬆軟喔。

Crêpe Pain Perdu

法式吐司風薄餅

材料（方便製作的份量）

薄餅麵糊 …… 1 張量

A

　雞蛋 …… 1 顆

　鮮奶油 …… 20 cc

　細砂糖 …… 8 g

卡士達奶油醬（製作方法參考

p108～109）…… 適量

奶油 …… 適量

糖粉 …… 適量

打發的鮮奶油 …… 適量

純楓糖糖漿 …… 適量

作法

1. 將食材 A 調勻。

2. 先烤一張薄餅（參考 p106），在半
   面的薄餅上擠上卡士達奶油醬，然
   後從靠近身體這側將薄餅捲成一捲
   a。將薄餅捲切成 8 等分之後，放
   到食材 A 靜置 10 分鐘。

3. 取一只平底鍋以中火加熱奶油，再
   排入 2 的薄餅捲，煎到全面帶有焦
   色為止（小心別讓奶油燒焦）。

4. 將 3 的烘餅移至盤中，均勻灑
   上糖粉。在一旁附上打發的鮮
   奶油之後，淋上純楓糖糖漿。

在半面薄餅上擠出波浪狀的卡士達
奶油醬。

94

GC Monogram 桌巾 （le GrandChemin）

熱呼呼的薄餅與橙皮酒搭配下，就成了法式火焰薄餅。
放上一球冰淇淋一同品嘗也十分美味。

Crêpe Compote

糖漬烘餅

材料（方便製作的份量）

薄餅麵糊 …… 8 張量

【糖漿】

| 細砂糖 …… 500 g

| 柳橙汁（100%果汁）

| …… 500 cc

柳橙皮（細絲，經過熱水汆
燙）…… 適量

作法

1. 製作糖漿。將細砂糖倒入鍋裡以大
   火加熱，待砂糖開始融化，轉成
   深咖啡色後，以鍋鏟攪拌。待糖
   漿整體開始冒泡，且呈現焦黑色
   的濃稠狀後，轉成小火，再逐量
   拌入柳橙汁。

2. 將容量為 1.5 L 的耐熱容器放入熱
   水煮沸消毒，再將烤好的薄餅折好
   （參考 p106）放入耐熱容器裡，
   接著倒入 1 的糖漿，放至冰箱冷
   藏醃漬 3 天～1 週。

3. 將 2 的食材移到盤中，再裝
   飾些許柳橙皮。

   ※ 放在冰箱冷藏約可保存一個月。

point

法式火焰薄餅

在糖漬薄餅上淋上醃漬汁後，以保鮮膜包
覆，放入微波爐加熱後，以干邑橙酒焰
燒，即是一道香氣四溢的法式火焰薄餅。
焰燒時要小心別燙到自己喔。

為了讓烘餅與薄餅品嘗起來更美味……

打造你的法式優雅餐桌

～餐具、餐器、織品、雜貨～

要讓料理更色香味俱全，少不了廚房周邊小物。
接下來介紹的是 Au Temps Jadis 名店使用的餐具，
以及員工們愛用的料理器具。
在充滿溫馨感的法式裝潢裡，
在擺設精緻的餐桌旁享用的烘餅
絕對能帶來更優雅的美味饗宴。

食器 & 餐具

盤子、碗、蛋架，讓杯子上下顛倒，飲用酒精飲料用的 brûlot，
都屬於讓餐點變得更華麗的餐桌器皿，
也讓我們有機會欣賞烘餅的美味風情。

1 咖啡歐蕾碗

法國傳統技藝重現的咖
啡歐蕾碗。

（上）GC 原創咖啡碗（STJACQUES
花紋藍色）

2 小碗

體積較小，常用於品中國茶或作為裝糖漿的
容器。

（上）Bol miniature 條紋 5 色（藍、咖啡、粉紅、綠、
黃）／（下）Bol miniature 5 色（白、咖啡、粉紅、綠、
黃）

3 盤子1

充滿綠意的設計，常疊在白色大盤
子上，當作裝飾盤使用。

（上）Verre 盤子 L（下）Blanc de Roi 盤子 L

4 盤子2

繪有小鳥與樹木花紋，呈
現復古沉靜氛圍的盤子。

（上）Oiseau Et Framboise 盤子
紫色／Oiseau Et Framboise 盤子
藍色

5 盤子3

如花朵與水果般浮在盤中
的花紋。顏色共有咖啡色
與白色兩種。兩種顏色都
讓人想要同時擁有。

（上）Bric-a-Brac 盤子 L Brown
／（下）Bric-a-Brac 盤子 L White

6 盤子4

用來裝盛烘餅與薄餅的
盤子。分散於三處的花
紋顯得很可愛。

（上）Marguerite 盤子 M／
（下）Marguerite 盤子 L

7 盤子5

以雷射繪製出的麥子與女
性花紋的盤子，是由 le
GrandChemin 自行設計
的產品。

鋁盤 M 麥子／鋁盤 方形 L 女性

12 湯匙架的使用範例
陶器的右側稍微凹陷,可放置湯匙這類餐具。

8 餐具1

握柄處刻有 le GrandChemin 原創的刻痕。是以鑰匙與時鐘為發想雛型。

蛋糕叉╱茶匙<CREA>╱點心叉╱點心湯匙 <HORLOGE>

9 餐具2

以餐巾為雛形的原創商品,握柄處為陶製。

餐叉╱餐刀╱餐匙<紅色環+深棕色條紋>

10 玻璃杯

受陽光照射會發出耀眼光芒的氣泡玻璃杯,每一只都是手工打造,無論在室內或庭園使用都很適合,也是廣受喜愛的餐具之一。

氣泡酒玻璃杯(透明)╱氣泡酒壺(透明)長、短

11 茶壺、茶杯、茶碟

在陶器裡裝有濾茶器的香草茶壺,以及小巧可愛的茶杯與茶碟。其上方皆有蕾絲浮雕花紋。

le Grand Chemin ekuryu 香草茶壺 紅╱杯子&杯盤 紅

12 湯匙架

印有天使、水果、時鐘等樣式的湯匙架,是相當耐用的白瓷器,美觀實用,令人使用起來也十分愉悅。全部共六種款式。

陶製湯匙架 6 種款式╱GC 陶製湯匙架 TRICOLORE 10 種款式

13 杯墊

邊緣刻花的十角形陶製杯墊。還可用來盛裝醋漬蔬菜或餅乾。

陶製杯墊

14 蛋架

除了放蛋的一側,另一側可用來放鹽或小點心。

GC 蛋架(MEGANE)共 6 種花色

15 杯子1

被稱為brûlot的法式咖啡杯。一杯咖啡還不足以溫暖身體,因此將咖啡杯倒過來,盛入蒸餾酒一口飲盡,才能真的讓身體溫暖起來。

brûlot 紅天使
brûlot 藍時鐘

16 杯子2

繪有圖案的鋁製杯。方便攜帶也好重疊,很適合野餐時使用。

鋁製杯 大
鋁製杯 小

織品 & 雜貨

色調柔和的桌布與廚房擦巾，令人每次用餐都感到身心滿足。
如果圍裙和購物袋都使用天然材質來製作，心情相信會更加明朗吧。

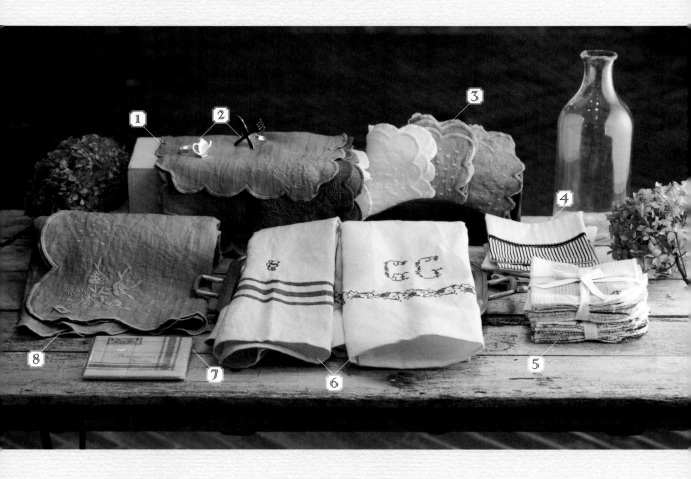

1 墊布

以植物自然風色調為主，
採用環保的蔬菜染料染色
而成的小塊墊布。

GC Monogram 墊布（鳥、花、
葡萄）尼龍 100％

2 餐巾環

沒有不鏽鋼的冷硬感，
觸感是柔軟的銀製品。

GC銀製餐巾環（餐叉與餐
刀）／GC銀製餐巾環（茶
壺）

3 餐墊

以環保蔬菜染料染成
的餐墊，越用越顯風
味。觸感柔和，使用
起來令人愉悅。

Bonappetit 餐布（灰棕色、
白色、紫色）100％尼龍

4 咖啡杯杯墊

有各式各樣的花紋，例
如花朵或條紋。可當成
咖啡歐蕾杯的杯墊，也
可作為鍋墊使用。

咖啡杯杯墊布

5 洗碗布

洗盤子用的擦巾。在
法國稱為 chiffon。爽
朗的直條紋讓每天的
家事變得愉快許多。

Chiffon（5塊1組）

6 廚房擦巾

吸水性超強，又十分
乾淨。是100％尼龍
揉洗製成。

（右）廚房抹布 櫻桃
（左）廚房抹布 粗條紋

7 餐巾

使用「BAKASU」
這種由甘蔗渣製成
的環保紙質餐巾。

像廚房擦巾花紋的紙質
餐巾（20張）

8 桌布

很適合鋪在設計洗練
沉著的餐桌。

鳥紋桌布（深棕色）
100％尼龍

光是在墊布套上銀製餐巾環，宴客的氣氛就油然而生了。

9 火柴

火柴盒外觀是以古舊外文書為雛型，光是擺在桌上就足以成為室內裝潢的配件了。

書本造型火柴盒

10 原子筆

紅、藍、黑三色原子筆的組合。包裝盒的設計十分講究，非常適合作為贈禮。

<我的文具> 原子筆組合

11 餐巾紙架

這是散發著穩定感與耐用感的鑄鐵質感餐巾紙架。

廚房餐巾紙架

12 筆記本 & 原子筆

圖中的文具分別是分割線略顯泛黃的筆記本以及 le GrandChemin 的原子筆與筆記本。

（上）le GrandChemin 原創筆記本（巴黎）

（下）<我的文具> 單環筆記本

13 明信片

看到美麗的花朵圖案，讓整個人都心花怒放了。放在小型圖框裡，掛在牆上當裝飾也很時尚。

花朵明信片

14 環保購物袋

買東西的時候很好用，美觀又實用。

EPICERIE

Lazy Woman（自然色）

15 圍裙

樸素典雅花紋的圍裙，是 le GrandChemin 的原創商品。由於是100%尼龍的材質，穿起來也十分舒服。

GC monogram 圍裙

100%尼龍

來自名店口味的
法式薄餅

❋

薄餅是法國家庭的日常點心，
以及最想品嘗的餐後甜點，
本章從傳統的法式薄餅開始介紹，
以及由古至今各種廣受喜愛的薄餅口味。

WH 浮雕盤、雙色調茶壺、洗碗布 深棕色 5塊組、Font
Bird 碗 White（le GrandChemin）／餐刀、餐叉、果醬杯
（Comptoir de Famille）

Beurre et sucre

奶油糖霜薄餅

Crêpe **37**

薄 餅 麵 糊 的 基 礎 作 法

要做出綿滑扎實的麵糊，必須仿照烘餅的製作方法，
再過濾一次之後，將麵糊放入冰箱熟成一晚。一口氣倒入與人體皮膚溫度相當的牛奶，
並快速攪拌均勻，是左右麵糊美味的關鍵之一。

材料（方便製作的份量·約 15 張量）

中筋麵粉……250 g　　　　　無鹽奶油……27 g

細砂糖……43 g　　　　　　雞蛋……2 顆

天然鹽（法國給宏得地區的　　※沒有中筋麵粉時，可利用 1：1 的
鹽）……3.5 g　　　　　　　低筋麵粉與高筋麵粉混拌。

牛奶……500 cc

作法

1. 將中筋麵粉、細砂糖、鹽混拌，然後
充分過篩。

2. 將與人體肌膚溫度相當的牛奶倒入 1 的
食材裡，再快速攪拌至沒有結塊為止。
接著均勻拌入蛋液與融化的奶油。

3. 以篩網過濾 2 的麵糊，再將麵糊放至
冰箱冷藏一晚。

品嘗薄餅美味的最佳方法
因為簡單，所以最能試出薄餅師的功力

Beurre et Sucre

奶油糖霜薄餅

材料（1 張量）

綜合砂糖（紅糖、三溫糖）…… 適量
細砂糖 …… 適量
奶油 …… 適量

※ 綜合砂糖除了紅糖與三溫糖，也可使用黑砂糖或楓糖。

綜合砂糖

要製作薄餅麵糊的砂糖可用法國產的「cassonade（紅糖）」與日本常見的「三溫糖」混拌製成。兩種糖的組合將創造更為圓潤的甜味，薄餅的風味也將更為豐富。

cassonade

使用 100% 經過嚴選甘蔗製成，蜂蜜與香草般的香氣是最大的特色。除了可使用於薄餅的製作，還可作為塔皮與法式焦糖布丁的裝飾。

作法

1. 先以湯杓挖一杓麵糊（60～70 cc），緩緩倒在薄餅烤盤表面。

2. 以 T 型木桿將麵糊快速抹成均勻的圓型薄片。

3. 在餅皮上均勻灑上綜合砂糖。

4. 確認麵糊是否已烤至金黃酥香。

5. 使用鏟刀對折薄餅。

6. 以鏟刀在薄餅表面壓出折線，再將兩端往內析，把薄餅折成三角形。

7. 將 6 的薄餅移到盤中，均勻灑上細砂糖，再鋪上奶油即可。

餐刀、餐叉（Comptoir de Famille）

高純度可可的微苦巧克力
讓果仁醬的甜美更扎實渾厚，核果的香氣也更明顯。

Chocolat Amandes Noisettes

巧克力核果薄餅

材料（1 張量）

薄餅麵糊⋯⋯1 張量

調溫巧克力（板狀）⋯⋯20 g

果仁醬（市售品）⋯⋯20 g

綜合砂糖⋯⋯適量

卡士達奶油醬（製作方法請參考 p109）⋯⋯適量

糖粉⋯⋯適量

可可粉⋯⋯適量

打發的鮮奶油⋯⋯適量

榛果⋯⋯適量

烤杏仁⋯⋯適量

事前準備 ・將果仁醬放在室溫下變軟。

作法

1. 巧克力放入耐熱容器之後，在容器外層包上一層保鮮膜，放入微波爐加熱 50 秒～ 1 分鐘，讓巧克力融化。（若是巧克力板，請先切成碎塊）。

2. 將薄餅麵糊倒在烤盤（參考 p106），均勻灑上綜合砂糖。待麵糊烤至金黃酥香，鋪上適量的 1 食材與卡士達奶油醬。將薄餅對折後，再從兩端折成三角形。

3. 將 3 的薄餅移到灑有糖粉的盤子裡，再從上方灑上糖粉與可可粉。將剩下的 1 食材與果仁醬均勻淋在薄餅上，並在一旁放上打發的鮮奶油，最後再以核果裝飾。

※果仁醬就是將烤過的榛果與杏仁，拌入由砂糖烤成的焦糖裡的焦糖醬。手邊若無果仁醬，可利用具有核果風味的巧克力奶油醬代替。

餐刀、餐叉、盤墊、磁碟
（Comptoir de Famille）

Crêpe
36

這是一道能盡情品嘗香草莢香甜的料理。加上香氣四溢的卡士達奶油醬，
讓迷人的香草風情瞬間盈滿口中。

Sucre Vanille

香草糖漿卡士達奶油醬薄餅

材料（1張量）

薄餅麵糊⋯⋯1張量
香草糖漿⋯⋯適量
奶油⋯⋯適量

【卡士達奶油醬】
（方便製作的份量）

| 蛋黃⋯⋯6顆 |
| 細砂糖⋯⋯120 g |
| 低筋麵粉⋯⋯50 g |
| 牛奶⋯⋯500 cc |
| 香草莢⋯⋯1根 |

事前準備

· 先將低筋麵粉粗篩一遍。

以刀尖在香草莢表面劃出刀口，再
以單手壓住香草莢，將裡頭的豆子
去除。

a

將砂糖倒入蛋黃後，慢慢攪拌，直
到變白為止。

b

慢慢地加入牛奶，以免麵糊結塊。

c

作法

1. 製作卡士達奶油醬。從香草莢刮出豆子後
   a，連同牛奶一起倒入鍋裡加熱，記得別
   讓牛奶被煮沸。

2. 將倒入盆子裡的蛋黃打成蛋液，再拌入細
   砂糖 b，接著連同已過篩的低筋麵粉一同
   倒入盆子裡攪拌均勻。逐量倒入 1 的牛奶
   並同時攪拌鍋中食材 c，最後再以篩網過
   濾。

3. 將 2 的麵糊倒回鍋裡以小火加熱，並以打
   蛋器一邊攪拌，一邊加熱至表面開始冒泡
   為止。當麵糊的表面開始出現光澤，質地
   也變得黏稠，將麵糊倒至淺盤裡，再在淺
   盤底下墊盆冰水降溫。

4. 烤一張薄餅（參考 p106），均勻抹上香草
   糖漿。當薄餅烤至金黃酥香，將薄餅對折成
   三角形。

5. 將 4 的薄餅移到盤中，再淋一次香草糖漿。
   放上一匙奶油後，再於餅皮上放上些許卡士
   達奶油醬。

point

香草糖漿

卡士達奶油醬所使用的香草
莢，只需先將豆莢洗乾淨，
再與綜合砂糖一同放入食物
調理機攪拌，即可立刻完成。

Gingembre Miel

自製蜂蜜生薑薄餅

果醬杯、herbes Folles餐盤、餐刀、餐叉
（Comptoir de Famille）／浮雕餐盤（Many）

Confiture

自製果醬薄餅

Crêpe
38

生薑恰到好處的辛辣與蜂蜜的甘甜非常搭配，
若想利用烘餅的麵糊做成甜點，非常推薦製作這道薄餅。

Gingembre Miel

自製蜂蜜生薑薄餅

材料（方便製作的份量）

薄餅麵糊 …… 6 張量
蜂蜜生薑（方便製作的份量）
| 生薑 …… 100 g
| 蜂蜜 …… 200 g
綜合砂糖（紅糖、三溫糖）
…… 適量
糖粉 …… 適量
奶油 …… 適量

作法

1. 製作蜂蜜生薑。生薑去皮磨成泥之後，倒入經沸水消毒的瓶子裡。蜂蜜也倒入瓶子後，放至冰箱冷藏 3 天（蜂蜜的量可視個人口味調整）。

2. 烤 1 片薄餅（參考 p106），並在表面均勻灑上綜合砂糖。待薄餅烤至金黃酥香，將薄餅對折成三角形。

3. 將 2 的薄餅移至盤中，鋪上奶油、灑點糖粉，再淋上 1 的蜂蜜生薑。

※若放在冰箱裡冷藏，約可保存 1 個月。

可細細品嘗各種水果風味的自製果醬薄餅。搭配奶油、奶油起司
與核果類食材，將能享受到更多元的風味。

Confiture

自製果醬薄餅

材料（方便製作的份量）

薄餅麵糊 …… 2 張量

【草莓果醬】

草莓 …… 500 g

三溫糖（可用一般細砂糖替
代，以下皆同）…… 75～100 g

【樹莓果醬】

覆盆子 …… 500 g

三溫糖 …… 75～100 g

【杏桃果醬】

杏桃罐頭 …… 250 g

半乾燥杏桃 …… 125 g

三溫糖 …… 200 g

水 …… 100 cc

綜合砂糖（紅糖、三溫糖）
…… 適量

作法

1. 製作草莓果醬。草莓洗乾淨摘除
   蒂頭後，擦乾表面水氣，再裹一
   層三溫糖，放入冰箱冷藏一晚。

2. 將 1 的草莓放入鍋中以大火加
   熱，煮到水分剩下一半為止，
   途中可稍微攪拌一會。接著將
   少量的食材盛到小盤子裡等待
   降溫，確認是否已凝固成需要
   的濃稠度再關火。將煮好的草
   莓果醬倒至經沸水消毒過的瓶
   子裡，等完全降溫，再放至冰
   箱冷藏。樹莓果醬也依同樣的
   步驟製作。

3. 接著製作杏桃果醬。將半乾燥杏
   桃浸在水裡一晚，等待恢復成原
   本的軟度。

4. 將杏桃罐頭的湯汁瀝乾，將 1/2
   量的果實倒入食物調理機打成
   泥狀。

5. 將三溫糖與水倒入鍋子裡加熱至
   110℃ 左右，糖漿就完成了。將
   瀝乾水分的 3、4 用剩的果實倒
   入鍋中熬煮，直到變得濃稠為
   止，再將 4 的食材倒入鍋中，煮
   到需要的濃稠度為止再關火。待
   果醬完全降溫後，放入經沸水消
   毒的瓶子裡，放至冰箱冷藏。

6. 烤一片薄餅（參考 p106），在表
   面均勻灑上綜合砂糖。待薄餅烤
   至金黃酥香，將薄餅對折再從兩
   端往內折，折成三角形的形狀。

7. 將 6 的薄餅移至盤中。食用時，
   可沾取 2 與 5 的果醬。

※放入冰箱冷藏約可保存 1 個月。

餐刀、餐叉（Comptoir de Famille）

Crêpe
39

這是一道將布列塔尼的名產鹹味奶油焦糖做成
Au Temps Jadis Creperie 風味的薄餅。
微焦的焦糖帶有隱約的苦味，鹽花的餘韻還縈繞在味蕾上

Caramel au Beurre salé

鹹味奶油焦糖薄餅

材料（1張量）

薄餅麵糊 …… 1 張量
【鹹味奶油焦糖】
（方便製作的份量）

細砂糖 …… 150 g
鮮奶油 …… 75 cc
鹽味奶油 …… 50 g
鹽花之類的天然鹽 …… 3 g

A

｜ 水 …… 90 cc
｜ 細砂糖 …… 100 g
綜合砂糖 …… 適量
糖粉 …… 適量
無鹽奶油 …… 適量

作法

1. 製作鹹味奶油焦糖。將 A 倒入鍋裡煮成糖漿。
   鮮奶油加熱至與人體肌膚同溫的溫度。

2. 取另一只鍋子以中火加熱細砂糖 a。砂糖開始
   融化，顏色轉成淡褐色之後，以木製鍋鏟慢慢
   攪拌 b。

3. 轉以大火加熱至表面開始冒泡，顏色轉成深褐
   色，食材也出現濃稠度之後 c，逐量拌入 1 的
   鮮奶油 d，記得要充分攪拌均勻。

4. 將鹽味奶油倒入 3 的鍋子裡，讓食材產生乳化
   效果後，灑鹽，再攪拌均勻 e，接著一邊調勻
   1 的糖漿，一邊將糖漿拌入食材裡 f。完成後
   的醬汁請過篩一次，待完全冷卻，再倒入經沸
   水消毒的瓶子裡，然後放入冰箱冷藏。

5. 烤一片薄餅（參考 p106），在表面均勻灑上綜
   合砂糖。待薄餅烤至金黃酥香，將薄餅對折再
   從兩端往內折，折成三角形的形狀。

6. 將 5 的薄餅移至盤中後，均勻灑上糖粉點綴無
   鹽奶油，然後淋上 4 的醬汁。

當細砂糖完全融化且變色後，再開始攪拌。

煮到糖漿轉成深褐色是關鍵。逐量倒入鮮奶油的同時，小心不要燙傷。

讓奶油融化產生乳化效果，再倒入糖漿收尾，醬汁就完成了。

鹽與奶油
的邂逅

布列塔尼地區的特有風味

　　自古以來，布列塔尼就是盛產優質食材的地區，而其中最為有名的莫過於「給宏德鹽花」與「齊貝隆發酵奶油」。「給宏德鹽花」是由製鹽師傅（PALUDIER）在鹽田以傳統手法手工製作而成的自然海鹽，含有豐富的鎂、鈣，以及其他礦物質，溫潤而鮮明的美味是其最大特徵。而法國最西側的小鎮「齊貝隆」所生產的發酵奶油，則是先讓生乳乳酸發酵再進行製作，所以能品嘗得到微妙的酸味與獨特的香氣。

　　布列塔尼地區居民向來將「給宏德鹽花」與「齊貝隆發酵奶油」製作的鹹味奶油焦糖，淋在作為主食的烘餅與薄餅上，而這種傳統的吃法也已傳遍整個法國。若是有機會一嘗這獨特鹹味的焦糖香氣，以及深奧香醇的奶油，日後也絕對忘不掉這發散於口中的美味瞬間。

經典花框 D No. 284
Verre 盤子 L（le GrandChemin）

濃縮了檸檬的酸味與風味的奶油，
清爽高雅的口感讓人吃幾片都不膩。

Citron

檸檬奶油薄餅

材料（1 張量）

薄餅麵糊……1 張

【檸檬奶油】
（方便製作的份量）

蛋黃……6 顆量

細砂糖……120 g

低筋麵粉……50 g

檸檬汁……250 cc

檸檬皮……1 顆量

糖粉……適量

開心果……適量

檸檬（視個人口味）……1 顆

作法

1. 製作檸檬奶油。將檸檬汁倒入鍋中加熱，此時請以刨絲器將檸檬皮磨成細粉灑至鍋中。要注意別讓檸檬汁被煮到沸騰。

2. 將蛋黃倒入碗中打成蛋液，再拌入細砂糖。接著拌入篩過的低筋麵粉，然後逐量拌入 1 的檸檬汁，再以篩網過濾一遍。

3. 將 2 的食材倒回鍋裡以小火加熱，途中可利用打蛋器慢慢攪拌，等到食材表面開始冒泡與帶有光澤，且食材本身變得像奶油般濃稠（要小心別加熱過頭），移到淺盆中，鋪平，並在下方墊一盆冰水降溫。

4. 烤一張薄餅（參考 p106），待薄餅烤至金黃酥香後，從烤盤剝下來，再從邊緣折出皺褶，然後以手指按住中心點，將薄餅調整成緞帶的形狀。

5. 將 4 的薄餅移到盤中，並均勻灑上糖粉，然後附上檸檬奶油。最後灑上剁碎的開心果裝飾，再視個人喜好擠點檸檬汁，即可大快朵頤一番了。

Crêpe
41

両種栗子製作而成的栗子奶油擁有豐富的風味，
是味道濃厚的甜點的最佳點綴。

Mont Blanc

蒙布朗薄餅

材料（1 人份）

薄餅麵糊……1 張量
栗子奶油（市售品）
……100 g
栗子醬（市售品）
……100 g
無鹽奶油……20 g
鮮奶油（乳脂含量
35％）……25 cc

糖漬栗子或栗子澀皮煮
……1 顆
蘭姆酒……適量
香草冰淇淋……適量
糖粉……適量

事前準備

‧先將奶油製於室溫下回軟。
‧糖漬栗子可先抹點蘭姆酒備用。

作法

1. 鮮奶油倒入盆子後，以打蛋器打至 9 分發。

2. 將奶油倒入另一個盆子後，以打蛋器磨開，再均勻拌入栗子奶油與栗子醬，接著再倒入 1 的奶油輕輕攪拌（注意別攪拌過度）。

3. 將烤好的薄餅（參考 p106）攤平，將卡士達奶油醬、香草冰淇淋鋪在上面後，將薄餅輕輕地往中心點捏成包袱狀 a，接著將封口朝下並稍微調整一下形狀 b，接著再將薄餅移到盤子裡。

4. 將 2 的食材倒入蒙布朗專用擠花袋※裡，再在 3 的薄餅表面擠花。鋪上糖漬栗子後，灑上些許糖粉。

※手邊若無蒙布朗專用擠花袋，可將直徑最小的圓形擠花嘴套在一般的擠花袋上代替。

將薄餅的邊緣往中心點湊緊，捏成像包袱的形狀

不用擔心薄餅破掉，因為之後會從上面蓋一層奶油。

烤到外皮變成深黑色的香蕉令甜味大增，
也能為這道甜點帶來融化般的綿滑口感。

Banane Bateau

烤香蕉薄餅包

材料（1 個量）

薄餅麵糊 …… 1 張量

香蕉 …… 1 根

卡士達奶油醬（製作法
參考 p109）…… 適量

蘭姆酒 …… 適量

糖粉 …… 適量

打發的鮮奶油 …… 適量

開心果 …… 適量

巧克力醬（融化調溫巧克力製成的巧克力
　　　　　醬。製作方法請參考p107）
…… 適量

香草冰淇淋 …… 適量

事前準備

·將烤箱預熱至170℃。

作法

1. 將香蕉連皮放入預熱至 170℃ 的烤箱裡烤 20～
   25 分鐘 a。

2. 以菜刀在 1 的香蕉表面劃一道垂直的切口，從香蕉
   皮裡面取出香蕉 b、c。香蕉皮要留下來當成容器
   使用。

3. 將烤好的薄餅（參考 p106）攤開，將香蕉放在中
   心位置，旁邊再以擠花袋擠一條卡士達奶油醬。將
   薄餅從靠近身體這側往前捲成一捲，稍微調整形狀
   後，塞入剛剛的香蕉皮裡。接著加熱蘭姆酒讓酒精
   揮發的同時，將蘭姆酒淋在香蕉上（焰燒）。

4. 將 3 的食材放在灑有糖粉的盤子上，再鋪一層打發
   的鮮奶油。點綴些許剁碎的開心果之後，均勻淋上
   巧克力醬，最後再附上一球香草冰淇淋即可。

將香蕉放進烤箱烤到外皮全黑　　香蕉皮在後續要當成容器使用，所以取出香蕉時，要格外小心謹慎。
為止

Crêpe
42

Camille 餐盤 （Comptoir de Famille）

Crêpe
43

將滲有蘋果甜美的焦糖煮到冒泡，
再將這個味道填回蘋果裡。

Crêpe Tatin

法式焦糖反烤蘋果塔風薄餅

材料（1個量）

薄餅麵糊⋯⋯1張量

【焦糖反烤蘋果】
（方便製作的份量）

蘋果⋯⋯1顆

細砂糖⋯⋯150 g

無鹽奶油⋯⋯15 g

卡士達奶油醬（製作方法
參考 p109）⋯⋯適量

糖粉⋯⋯適量

打發的鮮奶油⋯⋯適量

開心果⋯⋯適量

作法

1. 製作焦糖反烤蘋果。蘋果去皮去
核後，切成 8 等分的梳子狀。

2. 將細砂糖倒入鍋中以中火加熱
至砂糖融化，轉換成淡褐色
後，轉成小火並以鍋鏟攪拌。
待整體開始冒泡，轉成深褐色
又帶有黏稠感，將 1 的蘋果緩
緩放入鍋中 a 。

3. 轉成小火，以鍋鏟輕輕攪拌 30
分鐘，讓焦糖均勻地沾附在蘋
果表面 b 。過程若水分不足，
可稍微加點水穩定焦糖的濃
度。當蘋果的體積縮小一輪，
稍微被煮爛時，拌入奶油收
尾，此時即可關火 c 。

4. 將烤好的薄餅（參考 p106）攤
平後，在中心位置擠一條卡士
達奶醬。接著從身體這側將薄
餅捲成漩渦狀，以便當成蘋果
的裝飾台使用。

5. 將 4 捲好的薄餅移到灑有糖粉
的盤子裡，接著將還保有一定
溫度的的 3 食材、打發的鮮奶
油鋪在薄餅上，以剁碎的開心
果裝飾，再淋上一圈 3 的湯汁
即可。

記得要慢慢把蘋果放入鍋中，以
免被糖漿燙傷。

一邊加熱一邊讓焦糖包附在蘋果
表面。

煮到像照片一樣的顏色與濃稠度
就算完成了。

所謂的貝杜儂尼油炸泡芙就是油炸泡芙麵糊而成的法國傳統甜點。
儘管使用相同的麵糊，但只要稍微改變最後的裝飾，
即可同時享用兩種風味。

Chouquettes et Pet de nonne

珍珠糖泡芙 & 貝杜儂尼油炸泡芙

材料（方便製作的份量）

低筋麵粉 …… 75 g
牛奶 …… 60 cc
水 …… 60 cc
奶油 …… 60 g
砂糖 …… 2.5 g
鹽 …… 1.5 g
雞蛋 …… 1.5 ～ 2 顆
珍珠糖（鬆餅糖）…… 適量
炸油 …… 適量
糖粉 …… 適量
肉桂粉 …… 適量

事前準備

‧將低筋麵粉篩過一遍。
‧烤箱先預熱至 170℃。

作法

1. 將牛奶、水、切成 1 cm 寬薄片的奶油、鹽、砂糖倒入鍋中，以中火加熱至冒出白色泡泡，稍微沸騰後，關火，灑入低筋麵粉，再以鍋鏟攪拌至看不見麵粉為止。

2. 再次以小火加熱，將多餘的水分煮乾，同時開始攪拌，差不多攪拌 1 分鐘就會聽到劈哩劈哩的聲音，鍋底也會形成一層薄膜，此時即可關火。

3. 將 2 的食材移至碗裡，再少量地倒入蛋液。此時請慢慢地攪拌，直到麵糊變得綿滑為止。若是將麵糊鏟起來需 3～4 秒才會慢慢掉回碗裡，掉回碗裡的麵糊又硬到能切成三角形，就代表麵糊完成了。用剩的蛋液將在最後收尾的時候使用。

4. 接下來製作珍珠糖泡芙。先將 3 中一半的量的麵糊倒入圓型擠花嘴（直徑 1 cm）的擠花袋裡，然後將麵糊擠在鋪有烤盤紙的烤盤上，此時請擠成直徑 2cm 的圓形。灑上些許珍珠糖，再塗上 3 用剩的蛋液，即可送進預熱至 170℃ 的烤箱裡烤 15～20 分鐘。

5. 接著製作貝杜儂尼泡芙。將 3 用剩的麵糊倒入圓型擠花嘴（直徑 1 cm）的擠花袋裡。將麵糊擠在鏟刀上，讓麵糊結成甜甜圈的形狀，再讓麵糊輕輕地掉入油溫 160～165℃ 的炸油裡 a 。當麵糊開始膨脹，表面也變硬，即可將麵糊翻面，讓兩面都被炸得酥脆。

6. 將油瀝乾後，放在餐巾紙上吸去多餘的油。待餘溫完全散去，大量灑上糖粉與肉桂粉即可。

將麵糊擠在鏟刀上，讓麵糊結成一個圈，再放入炸油裡。

關於
Au Temps Jadis Creperie

Au Temps Jadis Créperie

設立於東京涉谷神南的烘餅&薄餅專賣店。爬滿
地錦的紅磚建築與＜CREPE & TEA SHOP＞的門
牌非常顯眼。沿著樓梯而下，映入眼簾的是法國
鄉村家庭的內部裝潢，撲鼻而來的是烘餅的誘人
香氣。除了經典的菜色之外，還有季節限定的菜
單，讓許多客人一試就成主顧。一邊享受布列塔
尼地區的傳統餐點，一邊度過《Au temps jadis》
=《復古而慵懶的時光》。

明亮舒適的露天陽台座位。被紅磚包圍的景色讓人宛
如置身歐洲。

東京都涉谷區神南 1-5-4 Royal Palace 原宿 B1F

03-3770-2457

11:00～20:00（LO.19:30）

每週三例休（若為公定假日則營業）

http://www.many.co.jp/jadis/salon.html

126

Le Grand Chemin
Le Grand Chemin

銷售法式古董 Brocante 風格的裝潢雜貨
店。就位於 Au Temps Jadis Creperie 的
樓上。其中散發著法式復古氛圍的雜貨
就是「le GrandChemin」的原創商品。
Au Temps Jadis 的裝潢都是由這裡的商品
搭配而成，用餐之後，不妨來此逛逛。

東京都涉谷區神南 1-5-4 Royal Palace 原宿 1F
03-3770-2458
12:00～18:00（LO.19:30）
每週三例休（若為公定假日則營業）
http://www.many.co.jp/gc（bro）/

Galettoria
Galettoria

澀谷松濤的烘餅&薄餅專賣店。於自由
的創意開發的各種食譜之中，提出不受
傳統束縛的「Creperie a notre facon嶄新
的薄餅」。是一家以法國裝潢代表品牌
「Comtoir de Famille」統一格調且營造
明亮氛圍的店。

東京都涉谷區松濤 1-26-1
03-3467-7057
11:30～21:00（LO.20:15）
每週二例休（若為公定假日則營業）
http://www.many.co.jp/galettoria/

Maison de Many
Maison de Many

位於澀谷松濤 Galettoria 周遭，以石屋外
觀吸引眾人目光的雜貨店，也是一家銷
售法式鄉村的原創品牌「Many」與法國
品牌「Comptoir de Famille」的直營店。
「Many」的商品則來自日本原地手工，
越使用越能體會箇中美好。

東京都涉谷區神泉町 1-20 Maison de many 1F
03-3770-0476
12:00～18:00
每週三例休（若為公定假日則營業）
http://www.many.co.jp/many/index.html

【Gooday 09】MG0009

一日法式烘餅與薄餅：一只平底鍋、一張麵皮，輕鬆搞定早午餐、輕食、甜點、一人獨享或多人同樂，怎麼吃都行！

ガレットとクレープ専門店のレシピ帳：
クレピエが教える おいしさを引き出す素材の組み合わせと調理法

作　　　者	オタンジャディスクレーブリー Au Temps Jadis Creperie
譯　　　者	許郁文
美術設計	我我設計工作室
封面設計	謝佳穎
總 編 輯	郭寶秀
責任編輯	陳郁侖
協力編輯	周小仙
行銷業務	李品宜、力宏勳

發 行 人	涂玉雲
出　　版	馬可孛羅文化
	104 台北市民生東路 2 段 141 號 5 樓
	電話：02-25007696
發　　行	英屬蓋曼群島商家庭傳媒股份有限公司城邦分公司
	台北市中山區民生東路二段 141 號 2 樓
	客服服務專線：(886)2-25007718; 25007719
	24 小時傳真專線：(886)2-25001990; 25001991
	服務時間：週一至週五 9:00 ～ 12:00；13:00 ～ 17:00
	劃撥帳號：19863813 戶名：書虫股份有限公司
	讀者服務信箱：service@readingclub.com.tw
香港發行所	城邦（香港）出版集團有限公司
	香港灣仔駱克道 193 號東超商業中心 1 樓
	電話：（852）25086231 傳真：（852）25789337
	E-mail：hkcite@biznetvigator.com
馬新發行所	城邦（馬新）出版集團
	Cite (M) Sdn. Bhd.(458372U)
	41, Jalan Radin Anum, Bandar Baru Seri Petaling,
	57000 Kuala Lumpur, Malaysia
	電話：（603）90578822 傳真：（603）90576622
	電子信箱：services@cite.com.my

輸出印刷	中原造像股份有限公司
初版一刷	2015 年 12 月
定　　價	360 元（如有缺頁或破損請寄回更換）

版權所有 翻印必究

國家圖書館出版品預行編目 (CIP) 資料

一日法式烘餅與薄餅：一只平底鍋、一張麵皮，輕鬆搞定
早午餐、輕食、甜點、一人獨享或多人同樂，怎麼吃都行！
/ オタンジャディスクレーブリー著；許郁文譯. -- 初版.
-- 臺北市：馬可孛羅文化出版：家庭傳媒城邦分公司發
行, 2015.12
128 面；19x26 公分
ISBN 978-986-5722-74-6(平裝)

1. 法式烘餅食譜

427.16　　　　　　　　　　　　　　104022244